探索未知　改变世界
科学大爆炸

天才小鸟

乌　鸦

U0157085

探索未知 改变世界
科学大爆炸

天才小鸟

乌鸦

[加]凯拉·范德卢格特 文图
孙路阳 译

贵州出版集团 贵州人民出版社

本书插图系原文插图

版权合同登记号 图字：22-2022-041

图书在版编目（CIP）数据

天才小鸟 ： 乌鸦 / (加) 凯拉·范德卢格特文图 ；
孙路阳译. -- 贵阳 ： 贵州人民出版社，2023.5（2024.4 重印）
（科学大爆炸）
ISBN 978-7-221-17559-5

Ⅰ. ①天… Ⅱ. ①凯… ②孙… Ⅲ. ①乌鸦一少儿读
物 Ⅳ. ①Q959.7-49

中国版本图书馆CIP数据核字(2022)第252608号

KEXUE DA BAOZHA
TIANCAI XIAO NIAO：WUYA
科学大爆炸
天才小鸟：乌鸦
［加］凯拉·范德卢格特 文图 孙路阳 译

出 版 人 朱文迅 **策 划** 蒲公英童书馆
责任编辑 颜小鹂 **执行编辑** 朱春艳 **装帧设计** 王学元 曾 念 **责任印制** 郑海鸥

出版发行 贵州出版集团 贵州人民出版社
地 址 贵阳市观山湖区中天会展城会展东路SOHO公寓A座（010-85805785 编辑部）
印 刷 北京博海升彩色印刷有限公司（010-60594509）
版 次 2023年5月第1版
印 次 2024年4月第2次印刷
开 本 700毫米×980毫米 1/16
印 张 8
字 数 50千字
书 号 ISBN 978-7-221-17559-5
定 价 39.80元

前言

一直以来，我确信自己从事着世界上最好的工作。我不仅能和优秀的学生一起工作，还能从你手上拿的这本书中所描述的那些令人惊叹的鸟类身上学到很多东西。多亏了一位优秀的高中生物老师，他启发了我对自然和科学的热爱，我才得以研究短嘴鸦和它们的近亲（松鸦、星鸦、渡鸦）近40年之久。在我的职业生涯中，我看到这些鸟类做过很多你会在书中读到的事情。是的，它们真的和黑猩猩甚至小孩子一样聪明！它们会制造工具，学习规则，用声音表达，甚至指挥狗！我的好朋友凯文·史密斯的爱犬“吸血鬼”差点被一只乌鸦拐跑。那是一只有名的乌鸦，它经常游荡在美国蒙大拿州米苏拉的市区。很显然，这只乌鸦像是由人类抚养长大的，因为它会重复一些经常听到的话语。当然，乌鸦本身就有这样的本领。这只乌鸦靠近狗，用简单的英语喊道：“在这里，小家伙，在这里，小家伙。”大多数狗会遵从这只乌鸦的指示。幸运的是，我的朋友凯文在乌鸦把他的大型德国牧羊犬骗走之前，就赶到了狗舍。

乌鸦之所以会有如此惊人的举动，是因为它们能通过个体遭遇和观察其他乌鸦来学习，而且它们能够用自己聪明的大脑记住经历过的事情，还能在行动前先思考。这听起来是不是很熟悉？是的，作为社会性动物，乌鸦使用脑的方式和我们非常相似。乌鸦的智力很重要，因为超群的智力的确可以帮助它们解决实际的问题，例如，把剩余的食物藏在哪里；当捕食者潜伏在附近时，如何协调其他家庭成员的行动……当我们建设城市和农场时，会有许多动物灭绝，或撤退到更自然的环境中去，但乌鸦并没有离开。当然，选择与人类生活在一起并非一件容易的事。例如，有些人会去投喂乌鸦，但也有人会去骚扰甚至猎杀它们。乌鸦之所以能够应对这些未知的挑战，是因为它们能辨识我们的面容，还能记住我们曾经如何对待它们。这一点我是在历经艰难之后才发现的。每当我捕获乌鸦，将识别脚环戴在它们的腿上时，我能明显感受到它们对我的态度有所不同。一旦将它们释放，只要我在旁边看着，这些乌鸦就几乎不会靠近它们的巢，有时还会咄咄逼人地扑向我，并用刺耳的叫声叱责我。这使得科学家对它们的研究变得很困难！但这也引发了另一个更有趣的实验。在下次抓捕乌鸦的时候，我和我的学生都戴上了“原始人面具”。释放乌鸦之后，我们测试了它们对戴原始人面具、不戴面具或戴其他面具的人的反应。当我们戴上原始人面具时，那些乌鸦立刻认出了我们，不戴面具或戴其他面具时，它们就会忽略我们。距离捕获那些乌鸦已经过去11年了，它们仍然能认出原始人面具！看来那群乌鸦将危险的“原始人”告诉了它们的子孙后代、伙伴和邻居们！

最近，我的研究小组通过新科技查看了一只乌鸦的大脑，研究乌鸦的大脑如何存储和回忆有关特定人类的信息。我们在不伤害它们的前提下，通过一种被称为“PET扫描”的大脑成像技术完成了这项工作。研究表明，乌鸦和人类一样，都使用海马体和杏仁核来了解和应对可怕的事件。这项研究还在继续进行，我们希望能够进一步发现乌鸦的脑在工具使用过程中的作用，并破解它们丰富的语言体系。

我承认我对乌鸦非常着迷，但对乌鸦着迷的可不止我一个人。几千年来，乌鸦的故事一直挑战和激励着人类。乌鸦的形象就曾经出现在法国著名的拉斯科洞穴的壁画上！许多俗语也与乌鸦有关。我们与这些鸟类的亲密互动塑造了我们的信仰、艺术和语言。

希望正在阅读的你像我喜欢研究乌鸦一样，也喜欢阅读这些强大鸟类的故事。当你想要更多地了解乌鸦时，只要走出去看看当地的鸦科鸟就可以。除非你住在南极洲，否则你的周围一定会有一群短嘴鸦、松鸦、渡鸦或秃鼻乌鸦等鸦科鸟，它们的聪明伶俐、多变的叫声或滑稽的社交行为一定能打动你。我敢打赌，只要你花时间和这些聪明的鸟类邻居相处，它们一定会让你大吃一惊。不过，一定要记得看好你家的狗。

——约翰·M.马兹拉夫
华盛顿大学野生动物学教授

大家都准备好了吗？
目标：向狗粮出击！
好的，
走吧！

咳，咳，
咳咳咳！

呱！
呱！

汪汪！！

谁在那里？
发生了什么？

嘿！这儿呢，
你好啊。
哦，
原来是只鸟！
你好啊！

你好，兄弟，
你叫什么名字？
我叫巴迪，
我们是朋
友吗？

当然，我想和你做
朋友，你呢？
太棒了！那我们现
在就是好朋友了！

非常好！那你知道朋友
间都做些什么吧？

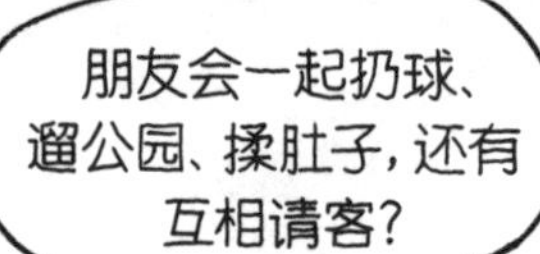
朋友会一起扔球、
遛公园、揉肚子，还有
互相请客？

看来你和你的朋友
是这么做的。
我和我的朋友们
会一起享用美食。

你可真好啊，
不过我更想一起出
去吃点什么。
我也有食物，
就在那儿！

但我被困在院子里了。

这很容易就能搞定。

只需要……

咔嗒
乌鸦！我的天哪！这太神奇了！

呱！
呱！

听着，巴迪，我要告诉你一个秘密。
什么秘密？快告诉我。

哇……

我是这个世界上最聪明的乌鸦。

所有乌鸦都很聪明吗？
不是每一只乌鸦都像我这般冰雪聪明，但是作为一个物种来说，我们算是非常聪明了。

我们是非常社会化的鸟类。

我们不仅会使用工具。

还能凭借超强的记忆力锁定食物的位置。

合作使我们共赢。
巴迪

我们狗
也是非常善
于合作的！
是的，不得
不承认，狗和人
类已经相处得非
常融洽了。

当然，我们和人
类是最好的朋友。
你们确实
交到了很不错
的朋友。
人类是超棒
的供养者。

他们狩猎、
耕种，还储备大量
多余的食物。

其实，他们有太多的食物，以至于不得不
雇人来处理掉那些吃不完的食物。

有时他们的食物会掉
到地板上，如果我不快点去捡，
他们就会把食物扔掉！

那太荒唐了，我觉得地上
的食物反而更加诱人。
的确如此！

可是，人类有足够的食物
喂给你和其他动物吗？
他们有的是食
物！甚至专门给我买
了特殊的食物。

这太难以置信了，但你能想
吃什么就吃什么吗？
那不能，我几乎很少
能尽情地吃个够。

既然这样，不如我们出去看
看能不能找到别的吃的。
好啊！

我非常好奇
我们会找到什么
样的美味！

你觉得我们会找到
什么样的吃的？
巴迪，别担心，
有我这样的鸦科鸟出谋划
策，你很快就能吃到梦寐
以求的所有美味了。

鸦科鸟是什么？
“鸦类家族”
的鸟都被叫作
鸦科鸟。

鸦类家族，
更准确地说是鸦科，
有很多种鸟。

鸦科下面继续划分为
不同的属，每一个属下面又
划分为不同的种。
科
属
种

鸦科鸟
示例：
科：鸦科
松鸦
喜鹊
星鸦
寒鸦
庞大的鸦科家族
中鸦属占了三分
之一，例如：
属：鸦属
渡鸦
秃鼻乌鸦
短嘴鸦

我是短嘴鸦。
我的拉丁学名是：
Corvus brachyrhynchos
我的英文名叫“American crow”。

鸦属的鸟统称乌鸦，同为乌鸦，它们的体形却不一样。

以短嘴鸦和渡鸦为例来看一下。

显而易见，渡鸦的体形更大。

呱呱！
呱！
短嘴鸦
渡鸦（Corvus corax）

渡鸦的喙更厚，鼻须更长，喉部的羽毛更蓬松。

渡鸦
短嘴鸦

渡鸦尾羽的形状是楔形的，而短嘴鸦的尾羽末端更为方正。

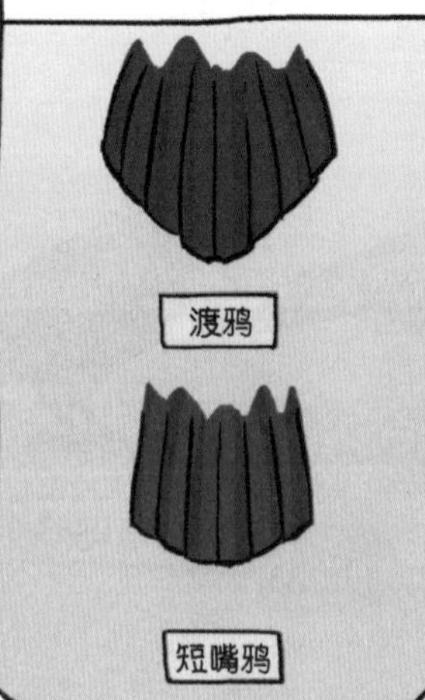
渡鸦
短嘴鸦

与短嘴鸦和渡鸦相比，秃鼻乌鸦更容易辨识，因为它们的嘴基部光秃秃的。

鼻孔清晰可见。

值得一提的是，秃鼻乌鸦只分布在欧洲和亚洲。

人们常用“乌鸦”作为鸦科鸟的统称。

或许人们其实是在讨论鸦属的成员。

又或者他们谈论的是某一个特定的物种。

科

属

种

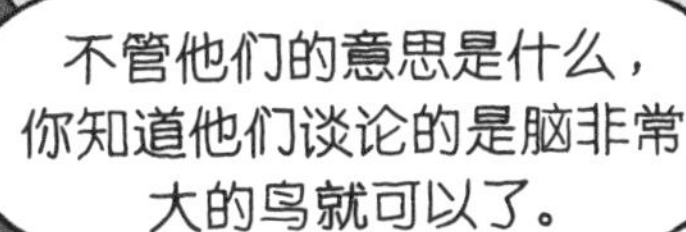
不管他们的意思是什么，你知道他们谈论的是脑非常大的鸟就可以了。

什么很大？

……

你的脑真的那么大吗？
当然，它超级大！

你就是个小不点啊，
你的脑能大到哪儿去呢？

嗯……我说的“大”是相对于我的身体而言。

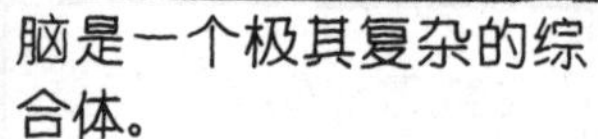
脑是一个极其复杂的综合体。

科学家们至今都无法确定如何准确衡量动物的智力，但是他们已经总结出了一些理论。

EW (brain) / 1g = 0.12 (w(body) / 1g)^2/3
有些人认为，智力与脑的相对大小有关。

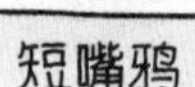
短嘴鸦

原鸽

脑占
体重的比值：

短嘴鸦
1:50

原鸽
1:150

原鸽和短嘴鸦的体形差不多，但是短嘴鸦的脑与原鸽的相比可大多了。

当一种动物的脑比体形差不多的其他动物的脑更大时，这种动物脑的实际大小与预测大小的差异被称为脑化指数，英文简写为EQ，这是对动物智力进行评估的一个参数。

毫无疑问，短嘴鸦的脑化指数比原鸽大得多，因为与体形相比，短嘴鸦的脑出奇地大。

EQ
EQ

事实上，乌鸦的脑化指数甚至和许多灵长类动物相当。换句话说，我们的脑的相对大小和黑猩猩的几乎一样。

尽管如此，
人们还是很难想象乌鸦
的脑为何这般强大，
因为……
你的个头实
在太小！
是的。
我们的脑只有
核桃那么大。
实际大小！

但是不要被我们脑的
体积所欺骗，这要归功于
我们的神经元。
哦，神经元……

说实话，你究竟
听明白没有？
哈哈，没明白！

唉，
这样吧，
你能先挖些草
来吗？
没问题！

干得挺卖力啊。

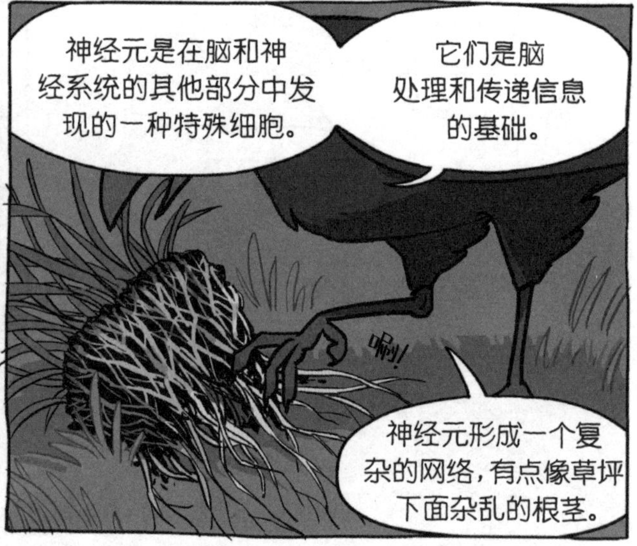

神经元是在脑和神经系统的其他部分中发现的一种特殊细胞。
它们是脑处理和传递信息的基础。
唰!
神经元形成一个复杂的网络，有点像草坪下面杂乱的根茎。

与大多数大小相似的哺乳动物相比，

鸟类脑部的神经元更密集。

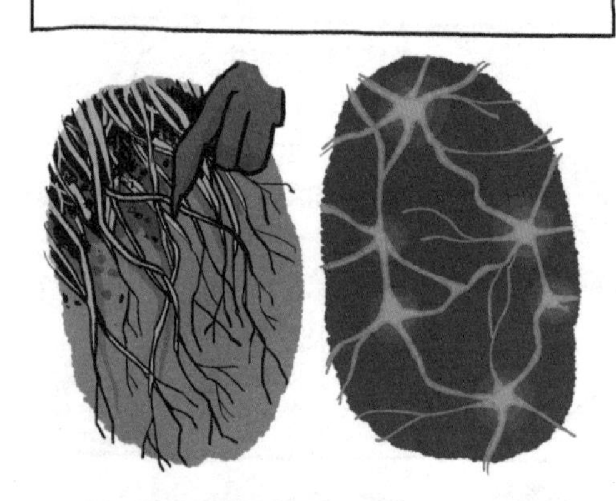

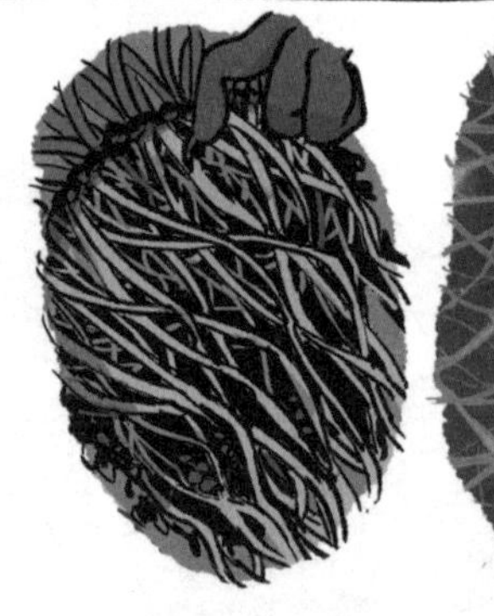

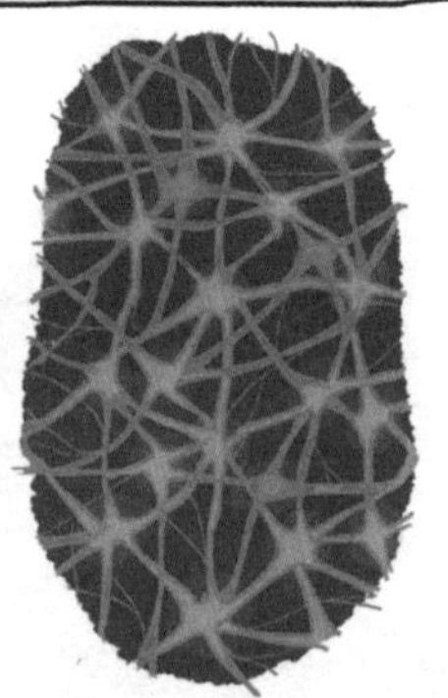

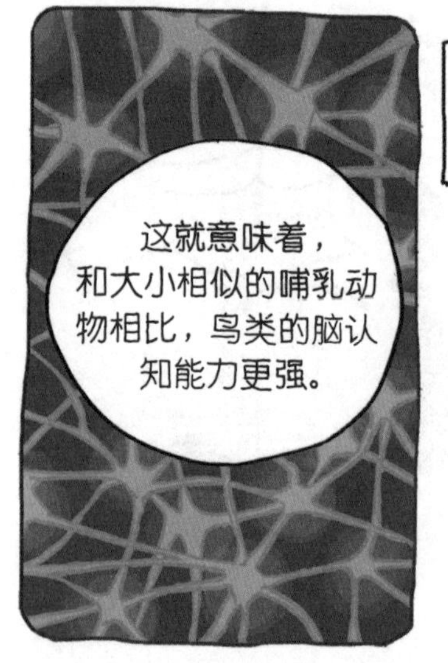

这就意味着，和大小相似的哺乳动物相比，鸟类的脑认知能力更强。

另外，鸟类前脑中的神经元最密集。

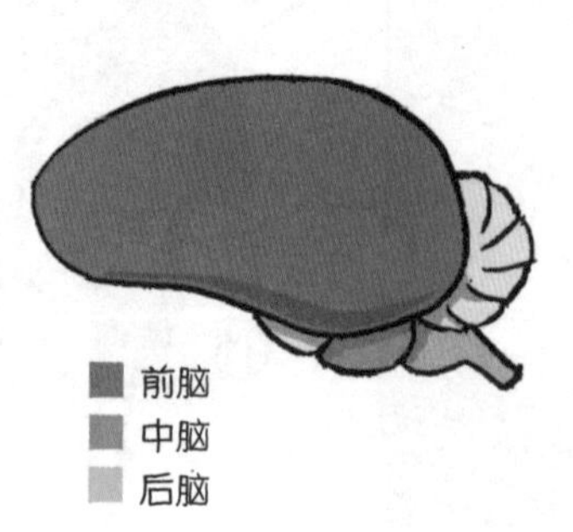

前脑
中脑
后脑

这一点非常重要。
为什么？

前脑是人类和
其他灵长类动物的前
额叶（英文简称PFC）
所在的部位。
唰！
唰！

这个区域主要负责解决问题、
灵活思考、自我认知以及记忆。
唰！
唰！

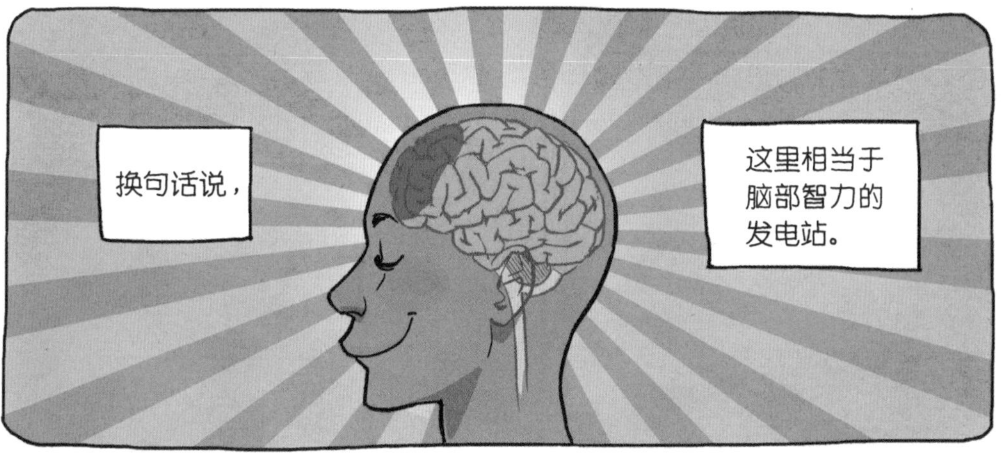
换句话说，
这里相当于
脑部智力的
发电站。

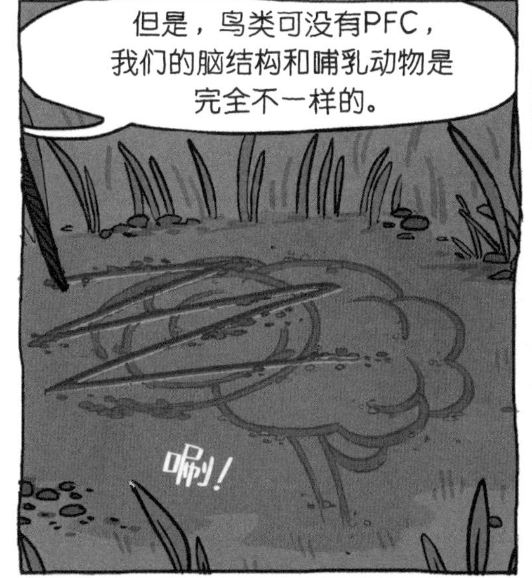
但是，鸟类可没有PFC，
我们的脑结构和哺乳动物是
完全不一样的。
唰！

因此，科学家们过去一直认为，鸟类就像机器人一样，必须完全按照预先设定的本能行事，因为它们的脑里没有真正用来“思考”的东西。

嘎吱……

但现在科学家们已经开始意识到，鸟类脑的部分区域与哺乳动物脑的某些区域有着相同的功能。

即使这些区域的形状和位置不同，它们仍然可以做相同的事情。

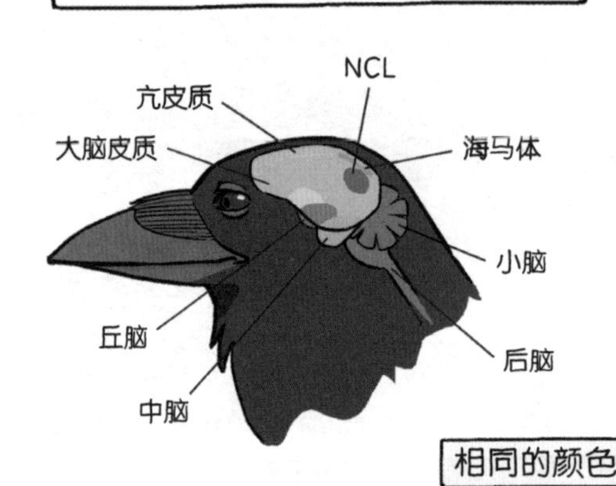
NCL
亢皮质
大脑皮质
海马体
小脑
丘脑
后脑
中脑

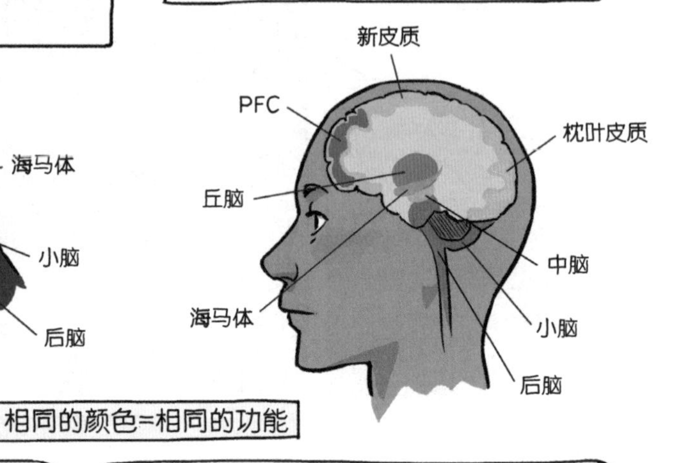
新皮质
PFC
枕叶皮质
丘脑
中脑
海马体
小脑
后脑

相同的颜色=相同的功能

下面是为乌鸦设置的一个配对游戏。

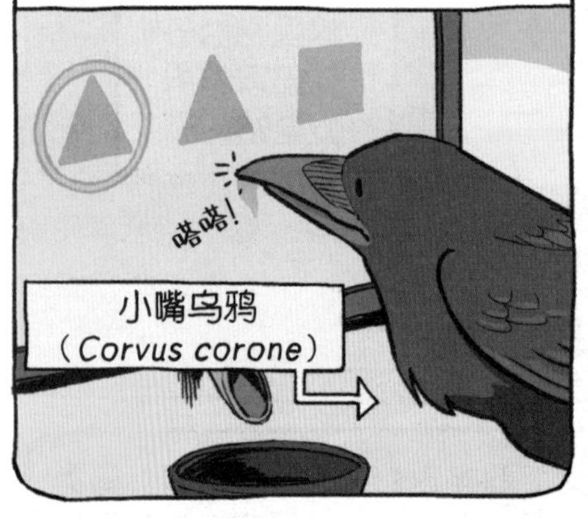
嗒嗒！
小嘴乌鸦
（*Corvus corone*）

有意思的是，游戏的规则是随着游戏的进行而随时改变的。

不对！

灵长类动物也接受了类似的游戏测试，它们会通过PFC灵活地学习和运用这些抽象的游戏规则。

叮

但乌鸦即使没有PFC，仍然能够迅速明白游戏规则。

答对了就有好吃的。

科学家们发现，乌鸦会使用脑中一个叫“弓状皮质尾外侧区”的区域。
哇！
我们把这个区域称为NCL吧。

哺乳动物脑中的PFC位于它们脑前部褶皱外层的新皮质中，而NCL则深埋在鸟类大脑皮质靠后的位置，两者的作用是相同的。

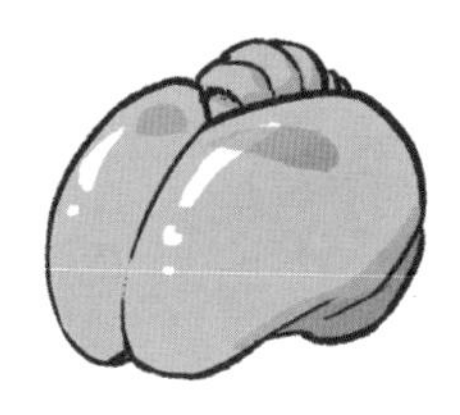

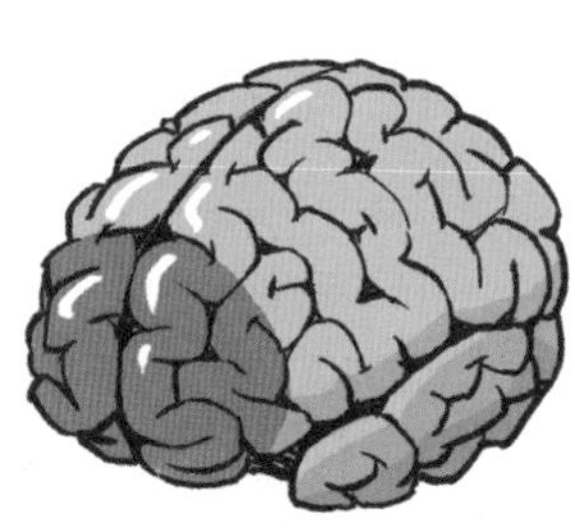

来猜猜哪种鸟的NCL最大。
嗯……

难道是你？

猜对了！
你可真厉害！

鸦科鸟和一些鹦鹉前脑中的NCL比其他鸟类都要大。

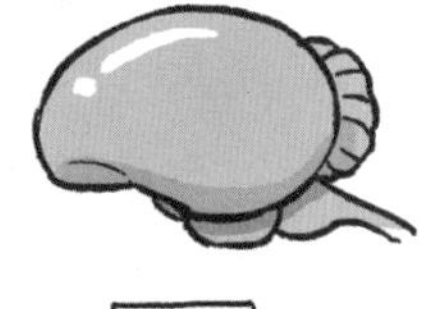

乌鸦

原鸽

现在，一些科学家认为前脑中神经元的数量非常重要。

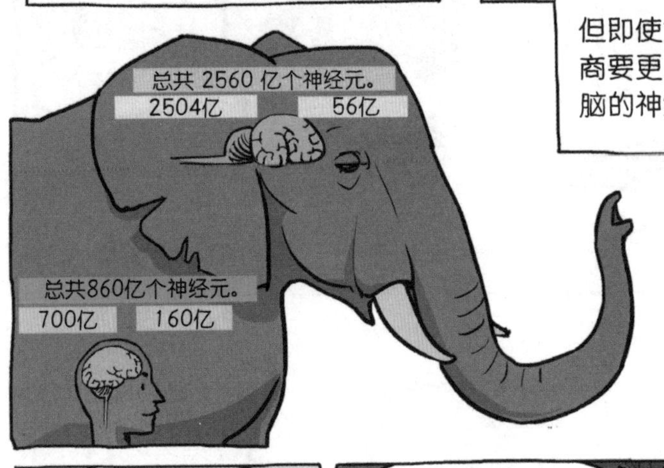
总共 2560 亿个神经元。
2504亿
56亿
总共860亿个神经元。
700亿
160亿

比如，大象脑部神经元的数量是人类脑部神经元的三倍。

但即使大象很聪明，可人类的智商要更高，这可能是因为人类前脑的神经元数量是大象的三倍。

因此，我们或许可以通过PFC和NCL所在的前脑中神经元的数量来衡量智力。

鸟类的神经元非常密集！

说得很对！
好样的，巴迪。
正是由于乌鸦有如此大的前脑，才可以容纳超级多的神经元。
呼！

乌鸦前脑中神经元的数量和一些灵长类动物的一样多。

例如，尽管秃鼻乌鸦的体形还不到猕猴的五分之一，但是它们前脑神经元的数量却比猕猴还略多一些。

秃鼻乌鸦

大脑重量
8.36克

前脑神经元数量
8.2亿

猕猴

大脑重量
46.2克

前脑神经元数量
8.01亿

科学家们已经开始将乌鸦称为“披着羽毛的类人猿”。

我们可能永远也找不到一种完美的方法来量化智力。
但是，不管你怎么衡量，乌鸦们可一点儿也不笨。

……

我仍然认为你很小。

你的观察力可真是惊人，巴迪！
但是我想说的是，我的体形并不重要。
呼！
呼！

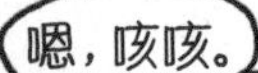
嗯，咳咳。

当然了，像“神经元”和“NCL”要是不使用也就没多大意义。

然而……

这恰好是乌鸦最擅长的。

人类已经观察我们很久了，在科学家们还没搞懂乌鸦为什么这么聪明的时候……

大多数人已经发现我们这个群体的聪明之处。

《伊索寓言》中有一个故事，讲述了一只口渴的乌鸦和一大罐水，乌鸦想要喝水，但罐子里的水位太低了，它喝不到。

于是乌鸦收集了好多石头。

然后把这些石头扔进水罐里来提高水位。
哇哇哇
哇哇哇!
啪!
啪!
啪!
啪!
啪!
啪!
啪!
啪!
啪!

进入现代以来，科学家们曾利用同样的装置来测试乌鸦和儿童的因果推理能力。

他们在烧杯里放置了一个漂浮在水面上的奖励物，并提供了各种各样用来提高水位的物品。

新喀鸦（*Corvus moneduloides*）

为了尽可能让水位升得更快，乌鸦会选择更大的物体，

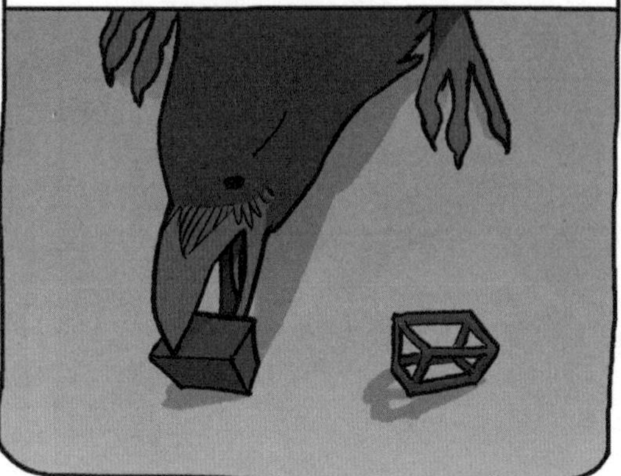
也会挑选体积更大的物体，

还会选择更重的物体，而不是太轻会浮上水面的东西。

通过这个实验我们了解到，乌鸦似乎能够掌握物体的特性，还会利用它们去影响水的体积。
咯咯！

科学家用这些具有下沉和漂浮特性的物体给4—8岁的孩子布置了相同的任务。
结果是乌鸦击败了4岁的孩子，和5岁的孩子取得了相同的成绩。
年龄较大的孩子表现得更好。

所以，乌鸦真的和人类一样聪明吗？
是的，和人类小孩的智力相当。
哇！乌鸦真是……

哎哟！

这是什么？

哈哈，这是我们今天的第一顿饭，该做正事了。
让我来看看，这有黑色、紫色、绿色……

你说什么？绿色？
是啊。

狗看不到绿色是吗？
我猜不能吧。

别害怕，鸟类有超强的辨色能力。

人类的眼睛有三种视锥细胞，它们可以接收光刺激，然后由大脑转换成颜色。

但鸟类却有四种，所以我们可以看到紫外线光谱。

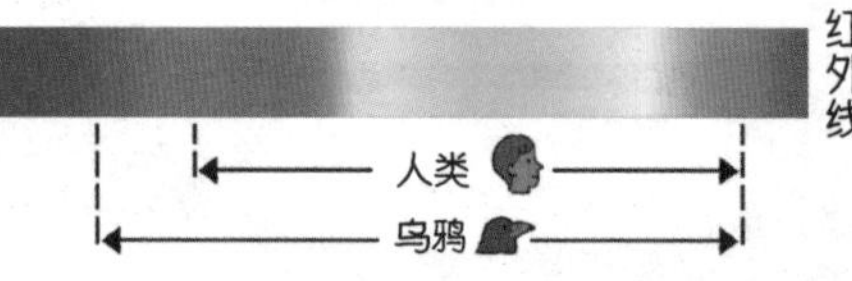

色觉范围
紫外线
红外线
人类
乌鸦

人类的眼睛

晶状体

分布着红、绿、蓝三种敏感的视锥细胞。

乌鸦的眼睛

晶状体

分布着红、绿、蓝、紫四种敏感的视锥细胞。

每个视锥细胞上有一个油滴，起到了强化色彩识别的作用。

因为狗只有两种视锥细胞，所以咱俩看到的可能会不一样。你只要相信我，这些垃圾桶的颜色不一样就行了。

巴迪的视野

但问题是，我不能确定哪一个里面有食物。
什么？

我还以为你超级聪明呢！
我是聪明，但不是神仙！这是我第一次干这事！
真是的。

嗯……

哈哈，
有了，把它们都打翻！
什么？

嘿——

加油，你一定行的，
再加把劲儿！
啊……

哐！哐！哐！

这些
……
简直太重了！
但是你成功了！

快来看看这个里面
有什么。

唉，我们吃不了这些。

这些看上去也不能吃。

看看这一袋里有什么……

啊，里面一定是吃的！
哗！

但是……这些是什么吃的？
是豆腐，看来这是群素食主义者。

这还不如我的狗
粮好吃呢。
你还挑食？
不过确实，我也
不爱吃这些。
嗅！
嗅！

让我看看，我现在
想要的是……
啊！
呕！

嘿，巴迪。
快看那边！

竟然有只鸽子躺
在道路中间！

哦，天哪，
它好像受伤了。
它在那儿很
危险，我们去帮忙
把它移开吧。

好的……
等下！
停！

呼——

要等红绿灯变绿再过马路，一会儿我告诉你。
我的主人其实教过我这些交通规则！

但我还是经常忘记，在马路上横冲直撞。

乌鸦连交通规则都知道吗？
我们当然知道了！
我们有时还会利用交通规则获取食物。

乌鸦会把蛤蜊和那些带硬壳的坚果从空中扔到地上砸开。

投弹完毕！

但这个方法并不是每次都能成功。

怎么……打不开？

我们想了个办法，把难以打开的食物扔到汽车要经过的地方，让车轮去碾压……
呜——

当汽车压过去之后，食物就会裂开。

有时乌鸦会将死掉的松鼠等动物用同样的方法处理，因为乌鸦的嘴无法撕开这些动物坚实的皮肤。

还挺重的！

一些乌鸦已经完善了这项技能。
它们会落在人行道上方的电线上，然后把坚果扔下去。

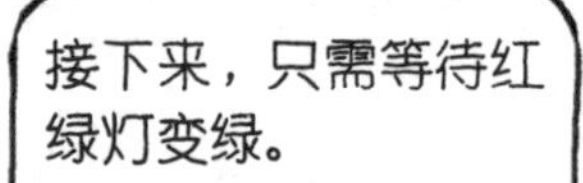
接下来，只需等待红绿灯变绿。

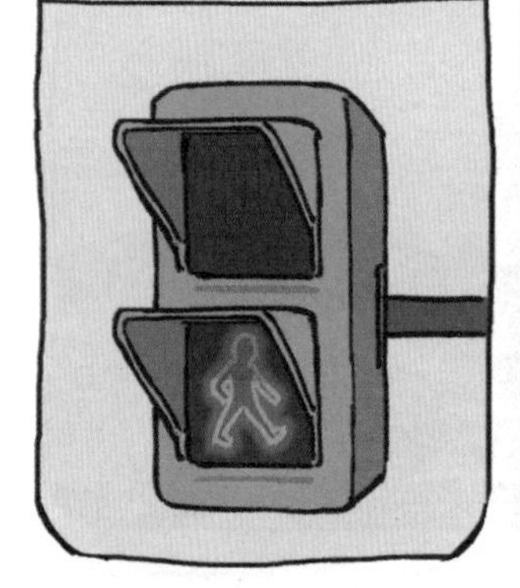

确认安全以后，再落到路面上吃已经被碾碎的坚果。
安全第一！

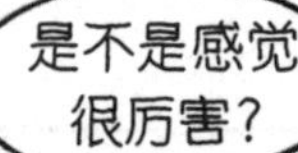
是不是感觉很厉害？

我在想，坚果貌似没狗粮好吃。

好吧，你可真难应付。顺便说一句，已经绿灯了哦。

啊呜！

可怜的小家伙，
它已经死了。

太棒了，
看上去美味极了。

你竟然在吃
另一只鸟，这太
可怕了。
嘎巴！
嘎巴！

是吗？
那狗呢？
你们都吃些什么？

狗粮。
我的意思是，如果在野外，你们会吃什么？

还是狗粮？
？？

是我错了。
唉！

狗和其他哺乳动物在野外主要吃肉，它们是食肉动物。

但是乌鸦可不那么挑食，我们什么都能吃，所以我们是杂食动物！

乌鸦的日常饮食
乌鸦吃什么取决于我们的生活环境。在城市地区，乌鸦最喜欢的食物是人类的生活垃圾，这占据了我们食物的大部分。
但我们也保持着自身传统的饮食习惯。

一些常见的食物是坚果和植物种子，

各种浆果，

谷物，

蛋类。

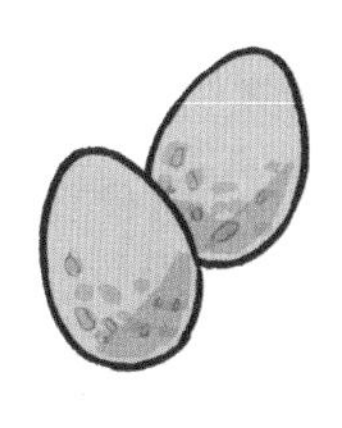

我们获取肉类的来源有：无脊椎动物，

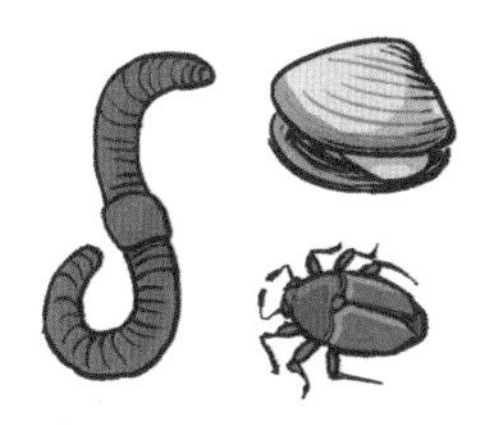

鱼类，

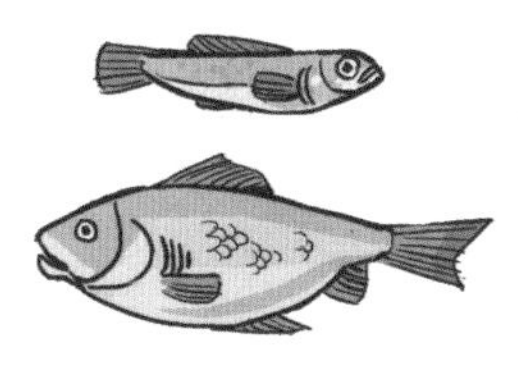

蛙类和蛇，

雏鸟。

当然，少不了腐肉。
比如，在人类居住的区域因车祸而死亡的小动物们。

嗯哼。
被车撞死的动物并不是我们食物的主要来源。
我们在马路边吃腐肉的样子太惹眼，所以有些人认为我们平时只吃那些东西。

但即使在城市里，被撞死的动物也大约只占我们全部食物的5%。

噗！

研究人员记录了城市地区的乌鸦在不同的两个时期的饮食组成，最终显示，垃圾和虫子占比最多。

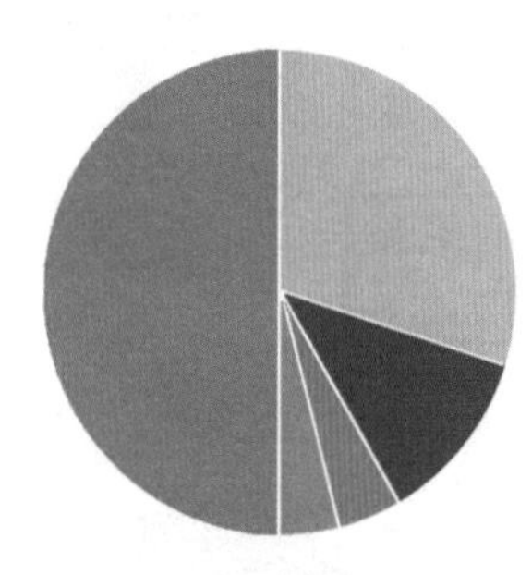
垃圾
昆虫和蠕虫
浆果
因交通事故死亡的动物
其他

话说回来，被车撞死的动物真的很美味，你要不要尝尝？
嗯……我还是不了。

随你便吧，接下来
……

要不然我们去别的地方看看能不能找到你喜欢吃的肉？
好呀！

我保证前面一定还有垃圾桶……

啊哈！

好多垃圾桶，一定有好多食物！

我想我是不是应该和刚才
一样把它们都推倒？

哈哈，这回不需要，
食物就在这个桶里。
咦？你是怎
么知道的？

这就不记得了？
我能识别颜色啊，这是
绿色的垃圾桶。
然后呢？

唉！
你忘了？刚才
里面有食物的垃圾
桶就是绿色的。
对呀！

乌鸦对于颜色有惊人的记
忆能力，尤其是当某个颜
色和食物有关联的时候。
在一项实验中，科学家们给乌
鸦一些盖子颜色不同的盒子，
有的装了食物，有的没有。
大嘴乌鸦
（Corvus macrorhynchos）

乌鸦很快就知道了什么颜色盖子的盒子里有食物。

大约一年以后……

2月
3月
4月
5月

乌鸦竟然还记得装有食物的盒盖是什么颜色。

这太简单了。

我们必须有超强的记忆力，这样既能找到食物，也能回想起食物的贮存位置。
贮存食物？

把食物贮存起来，也就是把食物藏起来留着以后再吃。
哦！这个我很熟！

我不怎么饿的
时候，也会把吃不完的
骨头挖坑埋起来。
是的，这是你们
狗从祖先狼的身上遗
传来的习性。

当狼群捕获一只巨大的猎物无法一次吃完的时候，它们就会把剩余的部分藏起来留到以后再吃。

这种方法能避免其他动物偷食。

呵—
呵—

在这一点上，我们做法相同。

当食物充足的时候，我们会把一些食物藏起来，以备不时之需。

可你怎么
记住把食物藏在
哪儿了呢？

很多时候藏完我就
忘记了，想要找到得翻
查每一个角落。
？？

这很正常，
对于某些动物来说，记
住藏东西的地点比其他
的事情更重要。

克拉克星鸦是我们的鸦科近亲，
它们靠储藏的食物过冬。
秋天，它们会准备大约3000个
食物储藏点，它们有超强的记忆
力，可以找到所有的储藏点。

这对于乌鸦来说并不算什么，毕
竟我们的食物随处可见，种类丰
富……
找到你了，小核桃。

往往转身就能遇到一顿美味大餐，因
此我们通常不会储藏食物。
哇，又有了！

那些善于储藏食物的动物，都有一个较大的海马体。

这个结构对于记忆有至关重要的作用，尤其是对空间记忆。

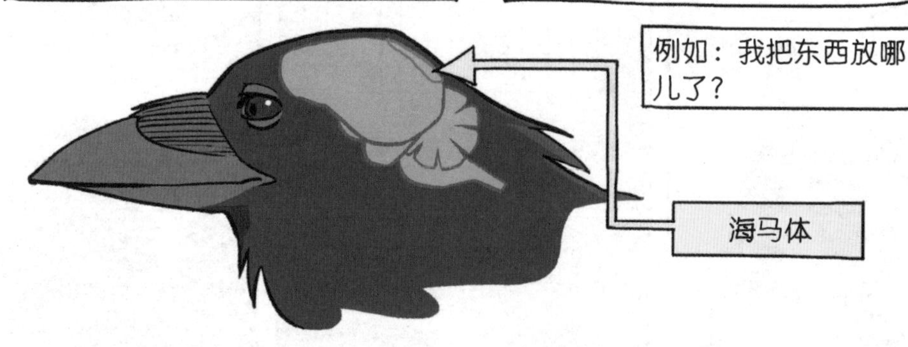
例如：我把东西放哪儿了？
海马体

尽管这个结构比较小，但星鸦的海马体还是要比乌鸦的大，或许是因为星鸦要时刻跟踪和记忆那些储藏地点。

那乌鸦也能记住自己的储藏地点吗？
还是做不到？

也许下面这个实验能回答你的问题。
将一只乌鸦放进有上千个储藏点的鸟舍，允许乌鸦随意储藏食物。
短嘴鸦

即使过去了30天，乌鸦记住食物储藏点的准确率仍然达到了80%，其中包括它们之前收集到的食物。

储藏物
上周
收集的
储藏物

在一个类似的测试中，星鸦记住了90%的储藏点，虽然准确率比乌鸦高，但并没有高出很多。

并不是所有丢弃的储藏物都是因为我们忘记了，也许只是我们不再需要了。而且，那些被遗忘在土地里的坚果和种子会破土而出长成新的植物。

我们还会对储藏的食物进行筛选。比如，我们会先把个头最大、最有营养的核桃吃掉……

再把次等的食物藏起来。

次等食物

毕竟，身边有更新鲜美味的食物，肯定不能浪费好东西啊。
啊——

总的来说，我们储藏东西的能力的确很强！
当然，有时太聪明也不好。
啊——

哇！

哈哈，干得好！

难道聪明不好吗？

嗯，其实
也还好。
但当你属于一个超级
聪明的物种时，你周围的
同类都会很聪明。
这不应该是件
好事吗？

问题就在于，我想要
把食物留给自己！
先看看这
里面……
刺啦！

太棒了！是炸薯条！

好吧，假如你看到我
把薯条藏在这里。
我离开了之后
你会怎么做？

为你守着它！

巴迪，你是一只品格高尚的狗。但是我敢打赌，只要我一走远，大多数乌鸦和狗会将我的食物翻出来吃个精光。
乌鸦会相互偷东西吗？

这么说吧，我们不会拒绝免费的晚餐，所以，如果不想自己的食物被别的眼睛和嘴盯上，必须玩一些小把戏。

有一些乌鸦，尤其是渡鸦和秃鼻乌鸦，会观察其他乌鸦储藏食物，记下它们储藏食物的地点，然后回来把食物偷走。

所以乌鸦储藏食物的时候会耍一些花招。

它们会假装储藏食物。

紧接着就把食物转移到别的地方藏起来，而它们的对手会去之前假的储藏点翻找食物。

?
哈哈！

最关键的问题在于，乌鸦们真的能猜到对手在想什么吗？
还是当其他乌鸦靠近时就把食物转移是一种本能？
渡鸦
为了找到答案，科学家们针对擅长鬼鬼祟祟藏东西的渡鸦做了一个实验。

就像这样，人们把两只渡鸦关在了相邻的两个房间里，中间的墙上有一个观察孔。
嚓！

可这不是渡鸦啊，这分明是薯条。

跟着我的思路走，你必须发挥你的想象力。

想想看，这就是进行这个实验的目的。
想象力。

渡鸦A透过观察孔能够看到，渡鸦B得到了食物，并把其中一些藏在了房间里。

然后它们角色互换，该轮到渡鸦A去储藏食物了。

!

研究人员发现，当观察孔处于打开状态时，渡鸦A就表现得好像有人监视它一样，一直小心翼翼地守护着它要储藏的食物。

然后，研究人员关闭观察孔，并在小孔的后面播放渡鸦的叫声。

嘎！

即使渡鸦A听得到另一只渡鸦就在附近……

嘎！
嘎！

但因为观察孔是关闭着的，渡鸦A索性懒得去看守它的食物了。

嘎！
嘎！

但渡鸦A是怎么认定观察孔关闭时就安全，打开时就危险的呢？

安全！
危险！

其实它并没有看到对面有其他渡鸦在观察它。

研究人员认为渡鸦发挥了它的想象力。

渡鸦A想起了自己曾经通过小孔观察渡鸦B藏食物，所以它想象着渡鸦B可能也在打开的小孔另一边做同样的事情。

A

B
A

科学家们认为，想象力和能够感知其他动物的心理状态都是非常高级的认知形式。

他们称之为“心理推测能力”，很多人认为这是人类所独有的。

A
B
它在琢磨什么呢？难道在琢磨我？
B
A
A
B

你们能读懂彼此的想法，像心灵感应一样？
不，这并不是真正的读心术，即使是人类也做不到。

这只是一种换位思考的能力。
哇，乌鸦还会换位子？

天哪！
还有什么事是你们做不到的？
你真是个死脑筋，这只是一个简单的比喻而已。

哦，
我能吃掉渡鸦A吗？
随你便吧，我看看这里还有什么吃的。

夏威夷比萨饼！哈哈，这里有很多快餐美食！
是菠萝啊……

快停下，这才是我心中最可口的食物。

我从没想过比萨饼是鸟能吃的食物。
只要多些想象力，任何东西都可以成为食物。

科学家们发现，鸟类前脑的大小与它们选择食物的多样性有直接联系。

脑更大的鸟会尝试更多的食物，在食物选择方面更有创新性。

巴迪
该怎样把狗引开?

这是食物吗?
这是可以吃的吗?
这里面有食物吗?
我怎么把它打开呢?
怎么能把它搬走呢?
乌鸦为了食物会做各种尝试，甚至有人见过它们品尝人类的呕吐物。
不要吃惊，这只是被提前消化的食物!

我们在食物方面这么有创造性
并不仅仅与脑的大小有关，
主要是为
了生存。
啊呜！

人类到哪里，
哪里的环境就会被改造。
拔地而起的高楼替
代了广袤的森林。

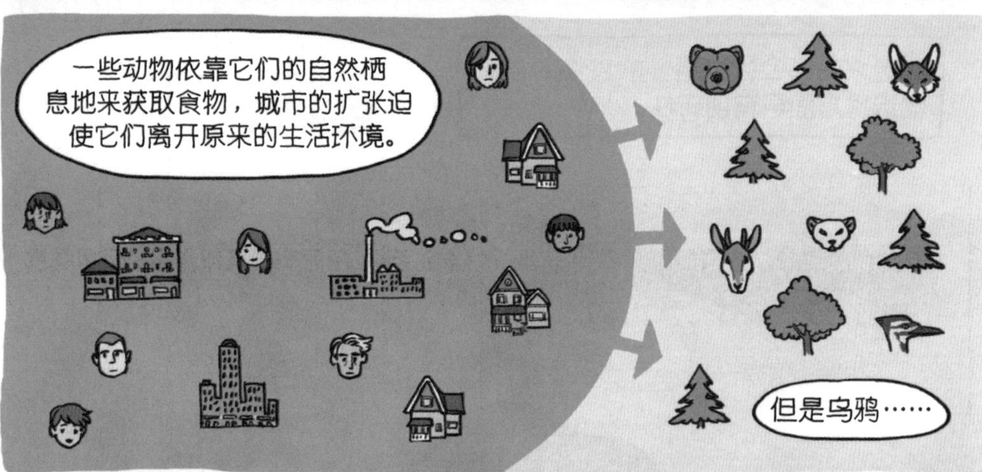
一些动物依靠它们的自然栖
息地来获取食物，城市的扩张迫
使它们离开原来的生活环境。
但是乌鸦……

能够随环境变化调整
自身的食物结构，顺利适应
城市和郊区的生活。

实际上，乌鸦和人类
是共同繁荣的，并未遭到过驱
赶。在世界各地的城市中，我们
的种群数量在稳步增加。
西雅图
东京
莫斯科
温哥华

毕竟，城市里有
这么多食物！
啊——

我推！

看看里面
有什么。

汉堡包！
刺啦——

竟然有汉堡包。
我猜这是
一种咱俩都喜
欢的食物。

看来你很喜欢，是吗？
嗯！

外面简直就是个满是垃圾桶的美食天地，巴迪，想象一下里面会装多少个汉堡包！
没准还有牛排！
会有的哦！
意大利辣香肠比萨饼！里面要有香肠！有培根！但不要菠萝！

或许有！不打开它们，我们就永远不知道里面有什么。
接下来我们不如搞点大的吧，你说怎么样？
当然好啊！

几小时之后……

巴迪，你怎么了？
这些垃圾桶太重了，我现在好累。

嘿，我们还没有找到你想吃的有香肠、培根，没有菠萝的意大利辣香肠比萨饼呢。
呃……

为什么你不去把
垃圾桶推倒呢？
我擅长的
是脑力，而不
是体力。

我看你的头脑现在可没帮什么忙，
我才是唯一干活的那个。
我负责站岗放哨啊，
咱们可是团队合作！

唉！

对了！
我们为什么不去公
园放松一下呢？
公园？

狗都喜欢去公园的，
对吗？
我非常喜欢去公园。
呃……太棒了！
人类非常喜欢在公
园里丢食物，我们
出发吧！

所以你和我是一个团队的，是吗？
我们当然是了，
狗懂得如何团队合作，不是吗？毕竟，狗是群居动物。

我们是吗？

你的祖先狼就是这样，你所在的人类家庭也像一个族群，不是吗？
哦，我的家人！他们是我的伙伴！

乌鸦也群居吗？
是的，我们也和家人生活在一起。

事实上，乌鸦的社会生活非常复杂，团队合作对我们来说非常重要！
乌鸦的家庭是什么样的？

这是正处于繁殖期的乌鸦爸爸和乌鸦妈妈，它们是彼此的终身伴侣。
它们每年都会繁殖后代。
然后它们就有了得力的助手。

“助手”？它们能帮什么忙？
它们帮助抚养其他后代。
?

这就是所谓的“合作繁殖”。短嘴鸦、小嘴乌鸦和北美乌鸦都有这个习性……

或者说大约一半的鸦科鸟都有这样的习性。

短嘴鸦
小嘴乌鸦
佛罗里达灌丛鸦
蓝头鸦
北美乌鸦
黑喉鹊鸦

总体来说，这种情况在整个鸟类世界中是很少见的，只有约9%的鸟会合作繁殖。
非合作繁殖
合作繁殖

但调查显示，那些有终身伴侣并且会合作繁殖的鸟，它们的脑要比其他鸟的更大。

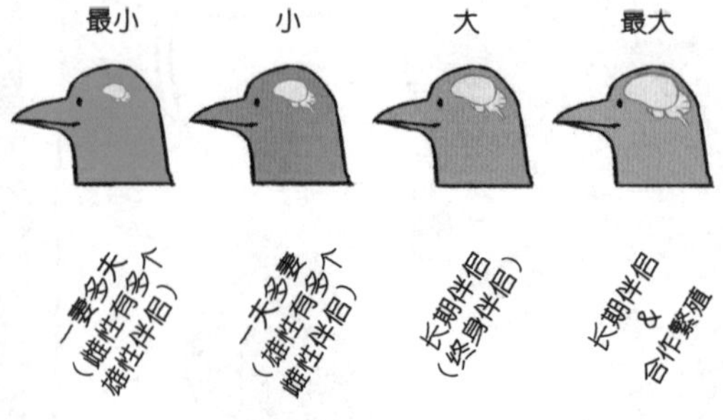

最小
小
大
最大
一妻多夫（雌性有多个雄性伴侣）
一夫多妻（雄性有多个雌性伴侣）
长期伴侣（终身伴侣）
长期伴侣 & 合作繁殖

所谓的助手，其实是这对父母前几年繁殖的后代。

乌鸦至少要等到2岁之后才会离开家庭独自生活，但也可能一直和家人生活到6岁。

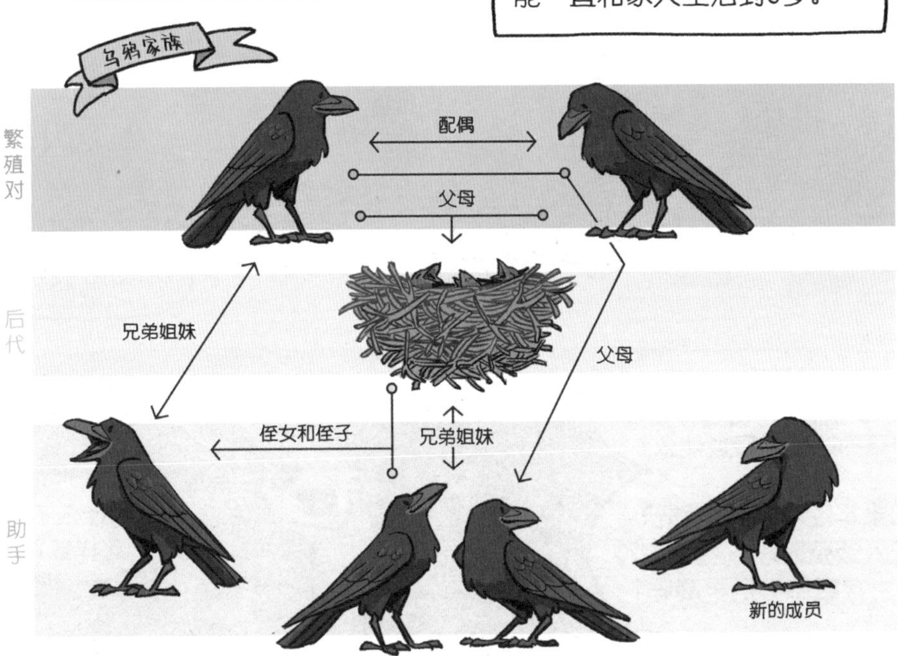

乌鸦家族
繁殖对
后代
助手
配偶
父母
兄弟姐妹
父母
侄女和侄子
兄弟姐妹
新的成员

父母那些还没有找到配偶的兄弟姐妹也可以成为助手，但是这种情况很少见。

一个被接纳的流浪者也可以成为助手。

在家里待上6年算时间很长的吗？
相比于别的动物来说，已经很长了。

听说过“像兔子一样繁殖”吗？

兔子出生之后大约20天就可以离家，这样它们的妈妈就可以开始新一轮的繁育。

兔子的数量迅速增加。

这是一个非常好的生存策略：生很多孩子！

兔子宝宝超级可爱呢！

因此，科学家们很好奇，乌鸦种群中的这种合作繁殖的好处到底是什么？
如果年轻的乌鸦能够快速进入繁殖阶段，整个物种的生存概率不是更高吗？
为什么不这样做？

因为乌鸦留在家里的时间越长，越能确保兄弟姐妹们更加茁壮地成长。

姐姐

它们自己可能不去繁育后代，但可以通过帮助筑巢和保卫领域，来增加父母的后代的存活数量。

某个物种的成员在帮助养育兄弟姐妹的同时，很可能也在锻炼自己养育孩子的能力，这样它们在未来就会是更成功的父母。总的来说，这是一种不同的生存策略。

育儿的
101个
妙招

你也必须练习照顾乌鸦宝宝吗？
不，我不需要。

乌鸦可以在成为助手前选择离家。一旦乌鸦开始性成熟（3岁左右），它们可以在没有任何经验的情况下组建新的家庭。
你以前做过这个事情吗？
没有。
我也是。

不过原先的家人可能离得并不远，因为乌鸦经常在父母住的附近安置新家。
嗨，妈妈！
亲爱的，过来吃晚饭吧！
成年乌鸦有时也会去拜访父母或兄弟姐妹，与它们共度时光。

嘿，新生的乌鸦宝宝长什么样子啊？
看着，我给你画一只。

我敢打赌，它们一定很可爱！
唰！
唰！

唰！
唰！

这是什么啊？
一只新生的乌鸦宝宝啊，不觉得很可爱吗？

……

哦，拜托！它们多可爱啊。
是的。
我会让你知道，真的是大家一起努力抚养这些小家伙长大的。

春天一到，所有家族成员都会帮忙收集搭建鸟巢的材料。

一旦雌鸟开始孵卵，其他成员都会帮它找食物。

大家会团结一心共同抵御捕食者的入侵。
呱!
呱!
呱!
呱!

并担当警卫员，保卫繁殖者的领域。

鸟卵孵化大约需要18天。
真实大小

乌鸦的雏鸟属于晚成雏，刚孵化出来的时候不仅无法睁开眼睛，还非常柔弱无助。

哦，怪不得它们丑丑的！
随便你怎么说。

早成雏的鸟类，比如小鸡，在刚刚孵化出来的时候就可以独立行走和进食了。

出发吧！

到了春夏之交，乌鸦宝宝们羽翼丰满，就可以出巢了。它们在大树上踱步，在树枝间跳跃，拍打翅膀不断增强力量，为以后飞翔做准备。

但它们在足够强壮之前，可能会摔落到地上。

有一年春天我在灌木丛里见到过一只奇怪的小乌鸦。
我以为它是从窝里掉出来了呢！

哼，你说谁长得奇怪呢！
不过……是的，如果你看到的是一只刚长出羽毛的离巢幼鸟，那确实有可能蠢蠢的。
蓝色的眼睛
嘴里是红色的
肉粉色的嘴唇（嘴裂）
或许身上还有一撮一撮的绒毛
羽毛的鞘仍然清晰可见

在会飞之前，它们在地面上是没有防御能力的，但是它们的父母会尽力保护它们。
我的天哪，是谁袭击的我？

如果人类离幼鸟太近，乌鸦有时也会俯冲下来攻击人类。
呱！呱！
天哪，走开！

但它们并非故意找事！这仅仅是为了保护它们的孩子。

秋天的时候，离巢幼鸟成长为亚成鸟。随着不同的家庭开始来往，它们会认识更多乌鸦。
它们会和一大群还没有配偶的乌鸦聚集到一起，组成庞大的觅食队伍。

不过，真正的大型聚会出现在冬天。在冬季的夜晚，会有成群的乌鸦栖息在一起。

虽然一些乌鸦会在它们的繁殖领域度过冬夜，但是很多乌鸦会选择加入庞大的群体。
群体中的其他成员可能是从寒冷地区向南迁徙的乌鸦，也可能是没有伴侣的流浪者。
来自当地的乌鸦
迁徙中的乌鸦
这二位互不认识

成群结队的乌鸦聚集在一起，
可以更好地抵御捕食者。
呼……
嗯？
呱！
呱！
呱！
呱！
呱！

这些群体的规模不只是大，确切地说是“巨大”，它们的数量甚至可以达到200万只。

等到春天的时候，许多家庭会返回它们的繁殖领域。

然而，并不是所有的乌鸦都有完全相同的社会生活方式。例如，大嘴乌鸦和渡鸦的社会性就不如短嘴鸦。

秃鼻乌鸦则是结群繁殖，而不是独自筑巢产卵。

我不想和大家挤在一起。

大家一起生孩子多热闹。

如果年幼的乌鸦选择在春天离开家人，它们会在外出游历期间混入其他的单身乌鸦群体中。

旅途安全！

一些乌鸦还会选择在外历练一番后再次回到父母身边。

我回来了！

在遇到一个心仪的对象之前，它们可能会游历几个月到几年。

这听起来很像我的人类家庭！
你回来啦！

事实上，乌鸦的很多行为都会让人类联想到他们自己，因为我们都是社会性动物。

但是，不要轻易将人类的
情感对应到乌鸦身上。即使我们的
很多行为与人类相似，也很可能是
出于完全不同的原因。

以乌鸦葬礼为例。
什么是“乌鸦葬礼”？听起来很诡异啊。

人类也认为这很诡异。
想象一下这个画面：地上躺着一只死掉的乌鸦。

然后你听到一只乌鸦大声鸣叫。
呱！
呱！

紧接着，会有越来越多的乌鸦鸣叫。
呱！
呱！
呱！
呱！
呱！
呱！
呱！
呱！
呱！
呱！
呱！

不知不觉间，天空中已经满是乌鸦，可能是几十只。
或者是上百只。
也有可能成千上万的乌鸦在空中鸣叫。
然后，是彻底的安静……
接着就消失不见了。

这简直诡
异极了。
是啊，
这会让人类想
起什么呢？

一个葬礼吗？
一个葬礼。
因为在他们看来，乌鸦
们聚集在一起似乎是在向
逝者表达一种尊重。

但这并非全部。科学家们做过一个实验，他
们向活的乌鸦展示一只已经死去的乌鸦，同
时测量其大脑活动。
这也太残
忍了。
短嘴鸦

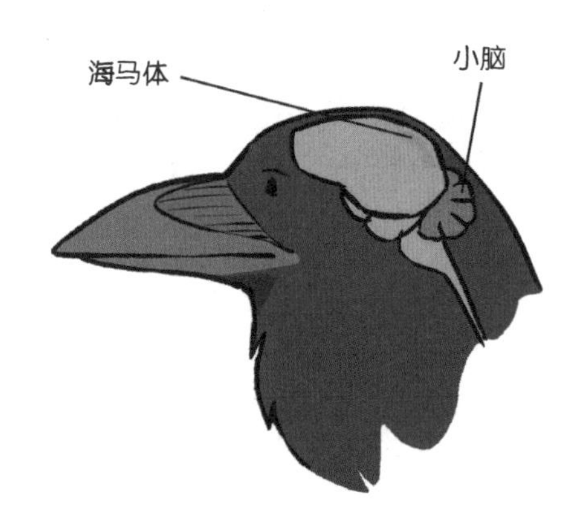
乌鸦的脑部活动区域显示，它正在获
取关于危险的信息并且形成记忆。
海马体
小脑

对乌鸦来说，同伴的死亡是一种教育。
眼前这一
幕我永远也不
会忘记！

当乌鸦聚集在同伴尸体周围的时候，它们会警惕周围的环境，以便察觉新的危险。

任何靠近尸体的捕食者，都会被视为危险的存在。

前方危险！

哦，所以即使是已经死掉的乌鸦也可以帮到亲朋好友。
你可以这么认为。

嘿，快看我们到哪儿了。
公园！

这里还有其他的乌鸦朋友！

咔嗒！咔嗒！
咯咯！
咕咕！
嘎嘎。

它们在说什么呢？你认识它们吗？
不，我并不认识它们……
哎呀！

呱！
呱！
呱！
呱！
咝——

把它们吓跑！
怎么办？
你去吼它们！

但是主人告诉过我，对着别人乱吼非常不礼貌！
我会受到惩罚的！
我们已经遇到麻烦了！
但是——

啊！你可真是听话。

呜——
汪汪！
汪汪！

？
？

那是什么声音？
那是我的声音。
你会学狗叫？

我能模仿各种各样的声音！像猫一样喵喵叫，像狗一样吠叫，甚至像人类一样交谈。
我以为乌鸦只会呱呱叫。
才不是呢。

乌鸦毕竟
属于鸣禽。
真的?
是的，我们可
能唱不出婉转动听的
旋律，但是我们还是
有超多曲目的！

有些鸟类的叫声根植在它们的脑海中。即使一只鸡没见过其他同类，它一样会鸣叫。

咕咕!
咕咕!

但是鸣禽要学习如何发声。大多
数鸣禽是在小时候学习鸣叫，也有一
些鸣禽终生都在学习新的歌曲。
比如嘲鸫(dōng)、琴鸟，
还有乌鸦！
小嘲鸫（*Mimus polyglottos*）
华丽琴鸟（*Menura novaehollandiae*）

掌握模仿叫声的本领，
对乌鸦这种群居鸟类来说非常重要，
因为不同的乌鸦群体有各自不同的
方言（独一无二的歌声）。

这些近距离的舒缓的歌声是由各种各样的声音组成的。

咕咕——
呱！

如果新的成员想要加入乌鸦群，那它们必须倾听和学习群体的方言才能被接纳。

这是刚才那些乌鸦攻击你的原因吗？
是的，它们意识到我是外来者。
所以你就学我的叫声把它们吓跑了？！
是的，我模仿了你的叫声。

喵喵！
丁零！
嘀嘀！
汪汪！

乌鸦会在生活中收集各种各样的声音来丰富自己的“词汇量”。如果它们经常在人类身边，也会收集人类的语言。

通常，会说人类语言的乌鸦都是被圈养的。

如果这些乌鸦在野外与人类对话，一定会把他们吓坏的。

你好！
！

尤其是，乌鸦并不会辨别好与坏，因此它们也会学到一些脏话。

$!*#!

你们能发出那么多不同的叫声，那为什么我以前听到的都是“呱呱呱”？
那是因为“呱呱呱”的叫声是我们远距离沟通的方式，所以声音很大。

但是，“呱呱呱”这样的叫声之间会有很多变化。发声的长度、强度，以及鸣叫的次数各不相同。

鸣叫的次数？

1，2，3……
是的！乌鸦会数数，最多可以数到6。这是另一项人类需要用PFC来完成的任务，而我们没有PFC也能数数。

为了找到答案，在乌鸦将数量相同但是随机排列的点进行配对的时候，科学家测量了它们的脑部活动。
小嘴乌鸦

就像学习抽象规则一样，乌鸦使用NCL来计算这些点并匹配图像。

1，2，3……
这就是前面总提到的NCL区域。

所以说乌鸦的语言是相当复杂的。
可是我到现在也没注意到乌鸦的叫声有什么不同。
巴迪，我的朋友，你只是听得不够仔细。

嗯哼，
还是让我来给你示范几种不同的叫声吧。

嗒！
这是警告其他乌鸦有危险的叫声。

呱呱！
这是用来召集家庭成员一起捍卫领域，抵抗其他乌鸦入侵的叫声。

呱——
呱——
这是……

哦！
怎么不出声了？
那是聚集的召唤，
但这会儿我可不想让刚
才那群乌鸦回来！

那个叫声是召唤该地区所有
的乌鸦去攻击捕食者。

我还是不明白，
为什么那些乌鸦攻击你，
就因为它们不认识你吗？
你不是说乌鸦会彼此
合作吗！
是的，
当我们互相喜欢的
时候，我们会的。

那你们为什么不能
互相喜欢呢？
想想看，你不会
和每一个你遇见的人主动
交朋友，对吧？

我会啊！

唉！

总体来说，乌鸦彼此相处得很好，大多数情况下争吵并不严重。但我们对自己的领域边界很敏感。

哦，那时就该是“呱呱”的叫声了吧！
是的。

即使到了冬天，当乌鸦们栖息在一起时，乌鸦夫妻也会在白天巡视它们的领域。

乌鸦在野外的领域范围可达几平方千米，但在城市里，有很多食物可供选择，它们的领域范围要小很多。

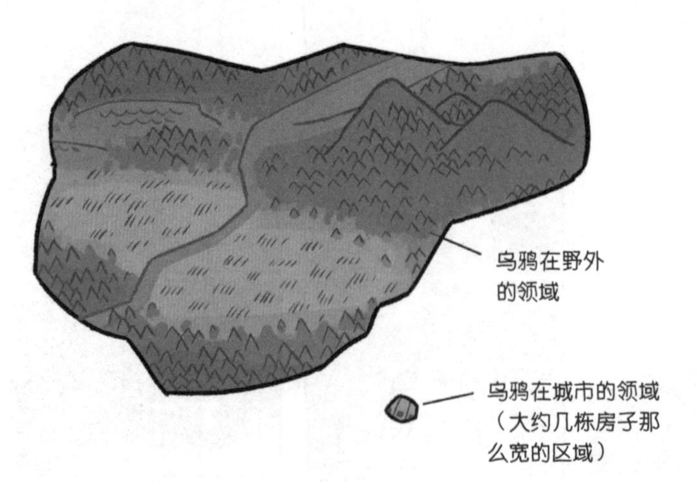
乌鸦在野外的领域
乌鸦在城市的领域（大约几栋房子那么宽的区域）

但即使是那么一小块领域，也要坚决捍卫！

所以那些乌鸦只是为了守护它们的家园而已，我们却把它们赶走了。
不要太沮丧，毕竟……

先看看它们给我们留下了什么吧！
哦，好的。

让我来！

哇！
砰！

这简直是最美好的一天！
巴迪，只要你愿意，每一天都可以这样。

真的吗？
你可以离开你的人类家庭
来和我们做伴。
想象一下，我们可以继
续美食探险旅行！

我想要食物，但……
我也喜欢我的人
类家庭，你不知道，他
们真的对我很好！

对你有多好呢？

他们会带我来公
园玩游戏！
我们一起玩接球、
拔河，还有……
我们也可以。

这……

啊？
我的意思是，乌鸦也会玩这种游戏。

真的吗？
为什么不拿根树枝试试呢？

开始计数了啊！
1，
2，

3!
砰！

说实话，我觉得和你玩这个游戏我不占优势。
哈哈，你玩得可真糟糕！

为什么我们不试试别的游戏呢？毕竟乌鸦会玩很多游戏。事实上，科学家已经定义了动物游戏的三种主要类型。

有利用身体的运动游戏，比如在空中翻滚，在树枝上荡秋千，从山上滑下来。

有把一个物件当玩具的实物游戏，比如空中抛接物体和滚球。

还有和朋友一起玩的社交游戏，比如摔跤、互相追逐、拔河。

会玩游戏的鸟类很罕见，只有1%左右的鸟类会玩那三种游戏中的一种。
会玩游戏
不会玩游戏

三种类型的游戏乌鸦都会玩，这可能是因为玩游戏在脑比较大的动物中更常见。
正好乌鸦的脑挺大。
正确！

在这之前我从没见过乌鸦玩游戏。
这可能是因为一只体形庞大的可怕的狗会让乌鸦害怕，乌鸦在紧张的状态下是不会想着玩的。

人类已经注意到乌鸦会像他们那样玩耍了。
我才不可怕呢……

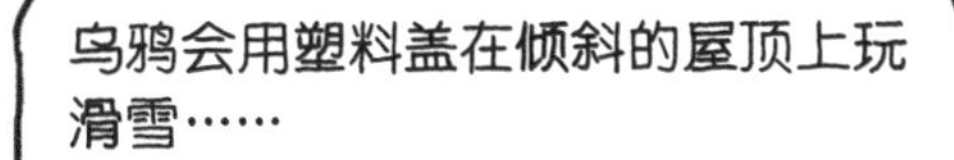
乌鸦会用塑料盖在倾斜的屋顶上玩滑雪……

冠小嘴乌鸦（Corvus cornix）

遇到上升气流时，用树皮做成风帆在空中冲浪。
渡鸦

人们很容易认为乌鸦玩滑雪和风帆冲浪和人类的目的一样：为了开心。
你也懂的！

一些科学家认为事实就是如此。但是大多数科学家认为，除非玩耍对它们的生存有直接的好处，否则动物是不会主动玩耍的。

这并不好玩。

另一些科学家认为，玩耍有助于形成更加牢固的社会关系。还有一些科学家认为，动物玩耍是为了减少压力。但是最主流的理论是，玩耍有助于年幼的动物掌握生存技能。

以练习空中杂技为乐的乌鸦亚成体，在必要时更有机会从鹰的利爪下逃脱。

转弯！

把玩一些物品或许会帮助它们更好地学习如何使用工具来获取食物。

工具？
就像那根棍子。
但是棍子是用来玩抛物游戏的。
它也可以用来当工具。

看看新喀鸦就知道了，它们是玩木棍的奇才。科学家专门为它们设计了一个测试。

新喀鸦

他们在玻璃柜里放了一小块够不着的食物，旁边的笼子里有一根可以够到食物的长棍，但是新喀鸦够不到这根长棍。另一边的树枝上挂着一根短棍。

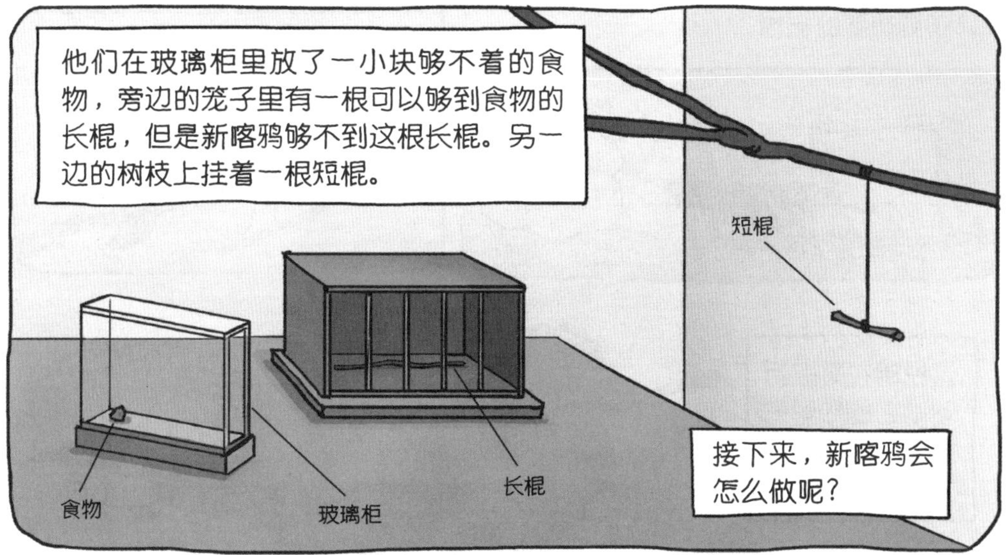
短棍
食物
玻璃柜
长棍

接下来，新喀鸦会怎么做呢？

首先，新喀鸦把绳子拉上来，拿到短棍。

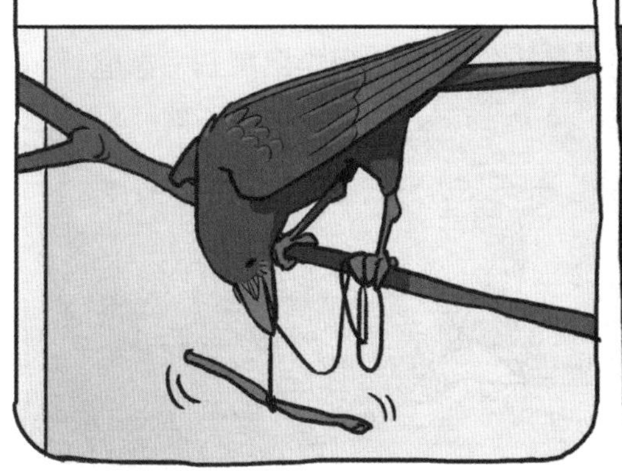

然后，它叼着短棍，用短棍把长棍从笼子里拨出来。

紧接着它用长棍成功地取出了梦寐以求的食物！
但这并不是唯一令人印象深刻的事情。

新喀鸦早前接受过训练，它知道用短棍够不到想要的食物。
这么短够不到。

但它这次还是先取了短棍。

这说明在采取行动前它的心里已经有个大概的计划了。
我知道这够不到食物，但如果可以用它够到长棍，那就有可能……

要完成这样的任务，你需要有强大的工作记忆。

那是什么？
“工作记忆”是在做某件事的过程中保持对多条信息的记录。
嗒！嗒！

……
?

如果没有它，人们就记不住自己在说什么、读什么或者想什么。

没有它，你解不出一道数学题。

?
?

这也是乌鸦和灵长类动物在点数配对游戏中所依赖的记忆类型。

事实上，乌鸦已经被证实具有同灵长类动物一样发达的工作记忆。

但是新喀鸦不仅会在实验室里使用工具，在野外同样可以使用工具，事实上，它们还会制造工具。

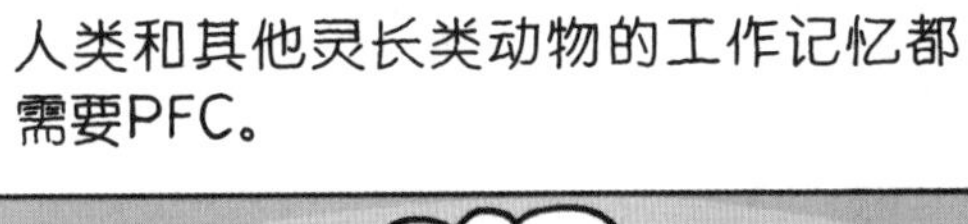
人类和其他灵长类动物的工作记忆都需要PFC。

4，5，6。

对于乌鸦来说，这是我们脑部NCL区域的另一项功能。

阶梯式工具是从露兜树的树叶上切割下来的。

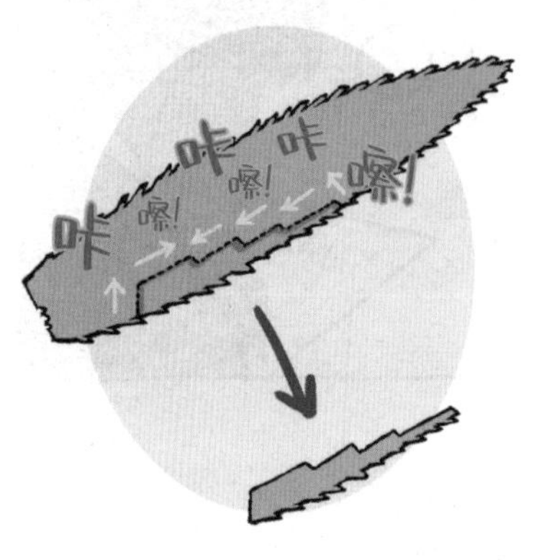

咔
嚓!
咔
嚓!
咔
嚓!

钩状工具是用切下的小树枝做成的。

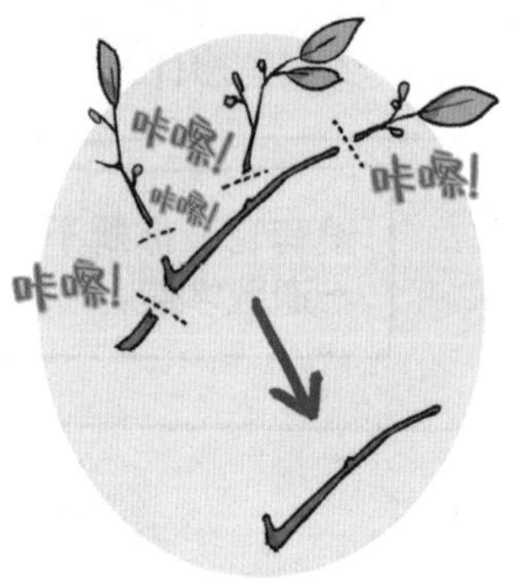

咔嚓!
咔嚓!
咔嚓!
咔嚓!

两种工具都是用来从树干里钩出虫子。

通过分析新喀鸦的解剖结构，很多事情变得容易理解了。新喀鸦比其他乌鸦拥有更宽的双眼视觉——两只眼睛都能看到的前方区域。

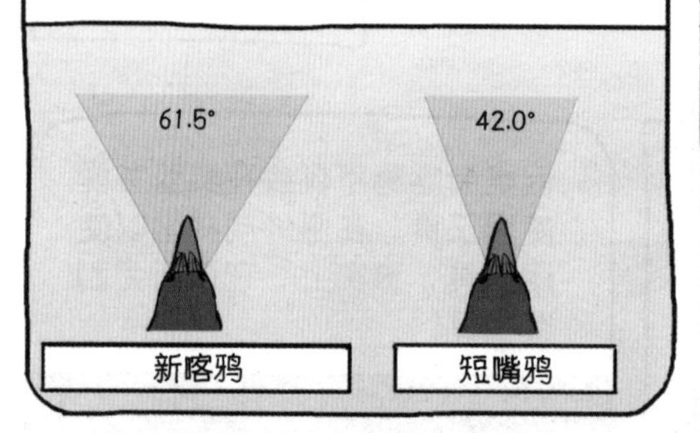

61.5°
42.0°
新喀鸦
短嘴鸦

此外，大多数乌鸦的喙末端略微呈钩状，但新喀鸦的喙是直的，这使它们更容易在视线范围内叼起工具。

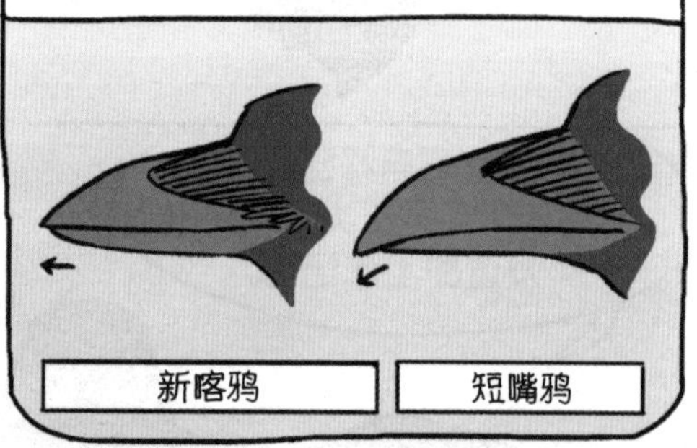

新喀鸦
短嘴鸦

所以它们是非常特别的乌鸦。
最重要的是，制作钩状工具的行为是非常罕见的。
实际上，除了新喀鸦之外，已知唯一会制作钩状工具的动物就是人了。
这很罕见。
钩具制造俱乐部
没错，这是只有两个会员的俱乐部！

除了新喀鸦之外，只有卷尾猴、猩猩、黑猩猩和
人少数几种动物会制造一种以上的工具。
那仍然是一个非常
高级的俱乐部。
多类型工具制造俱乐部

由于新喀鸦在使用工具方面非常有天赋，科学家又对它们进行了一项关于制造工具的测试。

研究人员给了它们一根笔直的铁丝，并向它们展示一个装有肉的小桶，小桶在一个玻璃管的底部。

新喀鸦把铁丝抵在管壁上折弯了。

然后用它把小桶钩了出来。

哇！
是不是非常聪明？
但是，后来人们发现，新喀鸦在野外也会把柔软的树枝弄弯做成钩子。
所以问题来了。

这真的是一个在大脑中深思熟虑之后的解决方案吗？

我把它那样弯曲是不是就能钩住那个把手？

或者它们只是碰巧凭直觉把铁丝弄弯，解决了问题？

运气真好，真的能钩上来！

但后来人们给一只秃鼻乌鸦做了同样的测试，秃鼻乌鸦在野外是不使用任何工具的，所以它把铁丝弄弯不是凭直觉。

啊哈！

哇！
是的，新喀鸦并不是唯一的工具制造者和使用者。

冠小嘴乌鸦和渡鸦会用冰钓孔的渔线来钓鱼。

短嘴鸦会用石头砸开橡子……

梆梆!

用杯子舀水……

用喙凿下木头片，作为探测工具。

你可以将乌鸦为了提升水位而投入的那些石头和用来开核桃的汽车也看作工具。

砰!

不过，新喀鸦确实比其他乌鸦更擅长制造和使用工具，它们是当之无愧的工具制造专家！

既然其他乌鸦也可以，为什么它们不常使用工具？
因为这对我们来说并没有多大意义。

新喀鸦是在岛屿上进化的，岛屿上捕食者很少，也没有啄木鸟与它们争夺树林中的昆虫幼虫等食物。它们可以高枕无忧地花时间研究如何制造和使用工具。

其他的乌鸦没有这种优越的环境，况且，它们通常不需要工具就能得到食物。

但如果有需要，它们也可以制造一些工具来使用。

对任何一只乌鸦来说，这才是真正展现智慧的时候。
这是一种评估问题，然后思考如何以全新的方式使用工具来解决问题的能力。

可以肯定，你需要一个足够大的脑来做这些事情。
你说对了！
研究表明，脑部较大的鸟使用工具的频率更高。鸦科鸟比其他鸟使用工具的频率都高，而且非常具有创新性。

你非常喜欢谈论你们的脑。
因为它是真的大啊！
啪！
啪！
让你来看看这个……
你已经不需要人类陪你玩了！
有了乌鸦的智慧和你的力量，就没有我们得不到的食物！

但是我……

咚!

哎哟!
哎哟!
抱歉，你应该能接住的。
但是再也见不到我的主人，我会非常想念他们的。

巴迪，作为一只乌鸦，让我来告诉你……

人类是危险的。

可是我的主人并不危险啊！他们努力保护我，还用心照顾我。
哎呀，毕竟你是他们的宠物。

根据《候鸟协定法案》，在有些国家，把乌鸦作为宠物饲养是违法的。
那是什么？

这是一系列法规，主要是为了阻止人们狩猎、捕捉或贩卖本土鸟类。

19世纪流行用鸟羽装饰帽子，为此有很多鸟类惨遭猎杀，以致灭绝或濒临灭绝，所以当时通过了这样的法案。

但这个法案并不完善。比如，在很多地方，出于打猎比赛或“除害”等目的，捕猎乌鸦是合法的。

砰！

乌鸦才不是害鸟呢！
唰！
唰！
谢谢，但是……

有些人可能不会喜欢他们的垃圾桶总被推倒在地，还被洗劫一空。
哦，这倒是。

在农业区，乌鸦会吃玉米等农作物，所以农民不太喜欢我们。

但话说回来，我们也帮助农民吃掉了很多损害庄稼的害虫。

欧洲玉米螟

但人们还是会猎杀我们，因为他们认为乌鸦会吃掉其他鸟类的卵和雏鸟，破坏了其他鸟类的种群。

美味！

然而，与其他动物相比，乌鸦根本算不上鸟巢掠食者。

哇！

最大的问题是，在乌鸦栖息的地方，它们不仅会制造很多噪声，还会留下遍地的粪便。

呱！
呱！
呱！
呱！
呱！
呱！
呱！
呱！
呱！
呱！
呱！
呱！

人类采取了很多极端的方式破坏乌鸦的栖息地。1940年，在美国伊利诺伊州的罗克福德，人们用炸药杀死了30多万只栖息在那里的乌鸦。
呱！
呱！
呱！
轰！
呱！
呱！
呱！
呱！

不过这也不能全怪人类，毕竟，乌鸦的名声并不太好。

你听过“a murder① of crows”吗？
那是什么？

这是用一种富有想象力的方式来指代一群乌鸦，最早记录于600多年前的15世纪。

A Murther of Crowes

这是一个集合名词，是当时的贵族们使用的狩猎术语。

之所以有这种表达方式，也许是因为乌鸦会吃尸体，包括中世纪战场上和瘟疫期间的尸体。

①murder是一个英文单词，意思是“谋杀”“凶杀”。

不管出于什么原因，这种表达被流传了下来，人们一直把我们和死亡联系在一起。
所有人都讨厌乌鸦吗？

这……并不是所有人都厌恶我们。
我们乌鸦感到很困惑，有的人会允许我们在他们的院子里，而有的人一看到我们就朝我们开枪。

不同的人对乌鸦的看法有如此大的差异，所以乌鸦必须要聪明，适应力强，还要记忆力好，才能与人类共同生活在一起。
他们当中谁喜欢我？谁不喜欢我？

幸运的是，我们可以识别单个的人。
短嘴鸦
在西雅图，人们曾经进行过一项面具实验，研究野生乌鸦识别人脸的能力，以及乌鸦会利用这些信息做什么。

研究人员准备了两种面具，一种是类似原始人的“危险”面具，另一种是像著名政治家的“中性”面具。

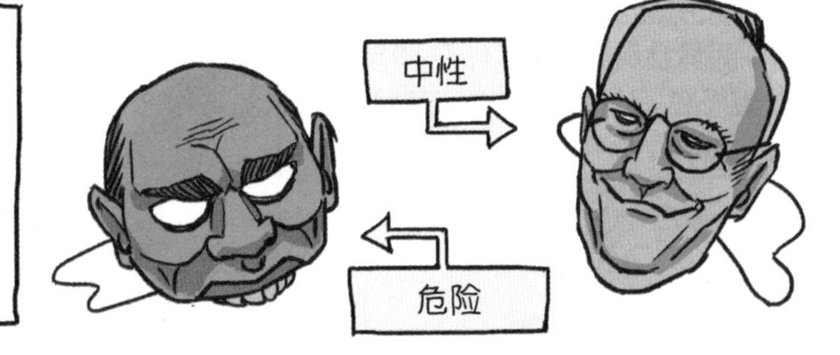

中性
危险

研究人员戴上“危险”面具，捕捉到野生乌鸦后给它们绑上条带。

啊！
放开我，
你这个暴徒！

将这些被抓的乌鸦释放后，研究人员换上了“中性”面具，在乌鸦附近徘徊，乌鸦没有理会他们。

几天后，研究人员又戴上“危险”面具到附近走动。

有几只乌鸦对研究人员发出了警戒的叫声。

呱！
呱！
呱！
呱！
呱！

研究人员继续戴着这两种面具。“中性”面具会被乌鸦忽略，但是会有越来越多的乌鸦呵斥和围攻戴着“危险”面具的研究人员。
呱！
呱！
呱！
呱！
甚至那些没有绑条带的乌鸦也参与了进来。

过了几年，下一代乌鸦也知道了“危险”面具。
现在，已经过去十几年了，这些乌鸦仍然在相互传递这个信息。
呱！
呱！
呱！

这个研究说明：
遇到乌鸦一定要小心谨慎，
我们可是会记仇的。
好吧，还好我不是人类！

对了，我们也能认出每只狗哦。

！

巴迪，你不要担心。
我知道你是一只友好的狗。
那当然，我是乖宝宝！

同样的！
我的主人也很好！
真的！

我发誓他们并不危险，他们绝对不会伤害乌鸦的！

他们喜欢鸟类，他们真的非常好……

好吧，行了。我知道了。
扑棱！
扑棱！

嗯，真的。
乌鸦的确需要小心谨慎，但也有人真的喜欢乌鸦。
真的？

在城市里，有这么多乌鸦和人类生活在一起，人们有很多机会观察乌鸦。虽然很多人仍然觉得乌鸦很吵闹、很烦人，甚至觉得乌鸦是不祥的……
呱！
呱！
呱！

呱！呱！
但也有一些人发现乌鸦的行为非常有趣。

加拿大温哥华一只人工饲养的乌鸦从犯罪现场偷了一把刀后一举成名。人们确实开了很多乌鸦与谋杀有关的玩笑。

请勿横穿

但自那之后，这只加拿大乌鸦在社交媒体上收获了大量的粉丝，这也让人们发现乌鸦非常善于交际，而且特别聪明。

咔嚓！
咔嚓！
咔嚓！
咔嚓！
咔嚓！
咔嚓！
咔嚓！
咔嚓！
咔嚓！

一些人做得更多，他们给乌鸦留下食物，试图与乌鸦成为朋友。

乌鸦很谨慎，它们需要一些时间勘察新的觅食地点。如果人们有耐心的话……

会发现自己拥有了一些新朋友。

但是与乌鸦做朋友意味着重大的承诺，因为乌鸦会记得人类友好的面孔，就好像它们记得“危险”的面具一样。

这姑娘经常款待我们。

而且它们要求很高。

你好啊，人类伙伴，到投喂时间了！

咚！咚！

乌鸦对人类过于信任也有危险，因为并不是每个人都会欣赏它们。

呱！
呱！

尽管如此，一些人还是与周围的乌鸦建立了持久的关系。
有时候……

乌鸦会用礼物来回报友好的人类。

看吧！人类是友好的！我知道你们会成为朋友的。

确实。
如果人类能够放下对我们的偏见，他们会意识到，尽管我们有很多不同之处，
但也有很多相同之处。

人类与其他灵长类动物有亲缘关系，不仅仅是因为他们看起来相似。
还因为他们的智力。

但人类怎么也想不到，在自家后院里发出嘈杂叫声的动物智商也非常高。

乌鸦真的很聪明。
是的！

但是我有一个问题。
什么问题？

你怎么知道你是这个世界上最聪明的乌鸦？

那我先来问问你：
巴迪，你今天学到了多少？

……

很多！
那你的老师得有多聪明啊！

超级聪明！
感谢你的赞美。

巴迪！

我的主人在找我！
哇，你们可真是好伙伴。
我想我们该告别了。

我还会再见到你吗？

巴迪，我再告诉你一个关于乌鸦的秘密吧。
是什么？
凭借我们对面孔的记忆能力，一旦结交了朋友，我们永远不会忘记它们的。

也就是说……

我们成为永远
的好朋友了，是吗？
没错！
毕竟你今天可是帮了
我一个大忙！

你快回去吧，
我们很快还会再见面的。
好的！再见，
乌鸦。

巴迪，你可
回来了！
你是怎么
出去的？
你怎么一身
垃圾味？

嘿！大家觉得今天的
收获怎么样？

太惊喜了！
我们很久没有吃得这么丰盛了！

下次是什么时候？

还是垃圾桶美食大搜索吗？
或许是午餐盒盗窃案？

我们今天吃得还不够多吗？
拜托，我们可是乌鸦！
我们随时准备迎接新的挑战！

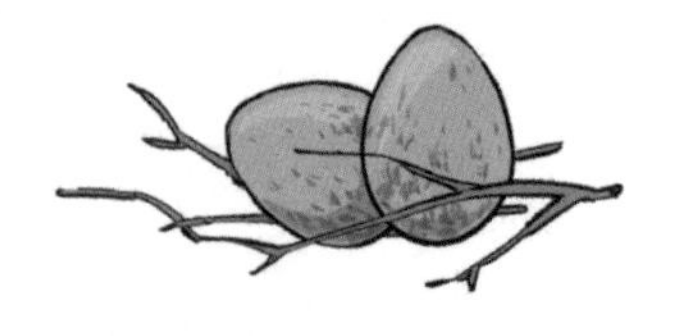

—词汇表—

雏鸟

指幼小的，还没有离开巢的鸟。

工作记忆

一种短时记忆，在完成认知任务时，暂时存储和操作处理信息。

弓状皮质尾外侧区

鸟类大脑中与复杂思维有关的结构，英文简称为NCL。

海马体

大脑中的一种结构，因为形似海马而得名，与形成长时记忆、空间记忆密切相关。

合作繁殖

动物直系亲属之外的家族成员共同参与照料同一窝后代的现象。

空间记忆

对外界环境地理位置或者方向的一种记忆。

离巢幼鸟

从出巢到独立生活这一发育阶段，常需成鸟喂食的鸟。

领域

动物占有和保卫的一定区域，其中含有占有者所需要的各种资源，是动物竞争资源的方式之一。

脑化指数

不同体形的动物，人们对它们的脑占身体的比重有一个大概的预测值。动物脑的实际大小与预测大小的差异就是脑化指数，英文简称为EQ。

前额叶

哺乳动物大脑中的一种结构，可能与复杂思维有关，英文简称PFC。

前脑

位于脑的前部，是人脑最大的区域，其功能包括思考、感知、语言和记忆。

食肉动物

以肉类为主要食物的动物。

神经元

神经系统的基本结构和功能单位，具有感受刺激、传导冲动和整合信息的功能。

视锥细胞

主要分布在视网膜中部的感光细胞，能合成感光物质，可以感受强光和颜色的刺激。

双眼视觉

外界物体在两眼的视网膜上成像，大脑视觉中枢把两眼视觉信号分析并综合成一个完整的具有立体感的视觉的现象。

晚成雏

孵化出壳时身体裸露无羽，眼睛不能睁开，不能自理，需要留在窝里由亲鸟哺育的雏鸟。

心理推测能力

一种能够理解自己以及周围人的思想和情感，并对行为进行解释和预测的能力。

鸦科

鸟纲雀形目的一个科，大型鸟类，多集群活动，杂食性，智力高，分布遍及全球。

鸦属

雀形目鸦科的一个属，统称乌鸦，是雀形目鸟类中个体最大的类群，羽毛大多为黑色或黑白两色，包括秃鼻乌鸦、渡鸦、短嘴鸦等。

杂食动物

食物组成比较广泛，多摄食两种或两种以上性质不同的食物的动物。

早成雏

鸟类中孵化出壳时已经有羽毛，羽毛上的水分晾干后就能跟随亲鸟活动觅食的雏鸟。

—注 释—

第5页：
人们曾见过乌鸦使用工具，它们的使用方式令人惊叹，对此本书中有很多描述。然而需要指出的是，没有人真正见过一只乌鸦用木棍打开狗舍的挡片。

第52页：
虽然乌鸦的大多数种群数量确实在增加，但也有一些例外。夏威夷乌鸦在野外已经灭绝，只剩下少数被圈养。关岛乌鸦处于极度濒危状态。这些物种生活在孤立的小岛上，栖息地的消失和人类引入的捕食者都对它们的生存造成威胁。这两个物种的保护工作都在进行中。

第76页：
在圈养条件下进行的实验表明，外来的乌鸦会被已经形成的群体孤立或驱赶。有理论认为，这是因为外来者的短程叫声不同，当它们开始模仿群体的叫声时，它们就被接受了。

第77页：
尽管科学家认为乌鸦鸣叫的次数可能具有某种意义，但他们还没有弄清楚这些含义是什么。这是一个我们还在努力破解的乌鸦密码！

与乌鸦同城共居小贴士

我在地上发现了一只乌鸦的离巢幼鸟，我要帮助这个小家伙吗？

它的父母很可能就在附近，幼鸟最好和家人在一起，尽量让它待在原地不动，如果你觉得它有危险，可以将它轻轻地捡起来放在低矮的树枝上。

如果幼鸟身上有明显的伤痕，不能自己栖息在树枝上，你可以咨询当地的野生动物救助机构。在一些国家，除了经过认证的康复救助者，其他人饲养乌鸦都是违法的。

一些年长的还未离巢的雏鸟可能看起来和长出羽毛的幼鸟很像，它们还不够强壮，无法在树枝上栖息。

已经长出羽毛的幼鸟可以在树枝上栖息跳跃，但最好还是远离它们，除非它们受了伤。

救命啊！乌鸦总是俯冲下来袭击我。

是在训飞的季节吗？如果是这样，一旦幼鸟学会飞翔，攻击就会停止。如果在同一片区域持续发生，可以尝试躲避几天，或者出行的时候使用雨伞。

如果是一场持久的冲突，你可以尝试通过交朋友的方式让它们改变对你的看法。外出散步的时候，你可以把食物沿路扔在身后。这样乌鸦们可能会把注意力放在食物上，逐渐将你和好事联系在一起。

一些花生就可以很好地分散乌鸦的注意力。

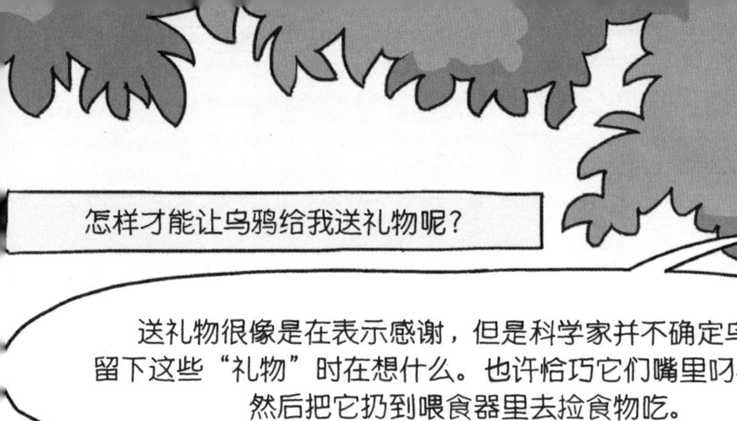

怎样才能让乌鸦给我送礼物呢？

送礼物很像是在表示感谢，但是科学家并不确定乌鸦留下这些“礼物”时在想什么。也许恰巧它们嘴里叼着东西，然后把它扔到喂食器里去捡食物吃。

这很可能是偶然事件，但如果乌鸦留下礼物后人们给了更多的食物，聪明的乌鸦可能会将留下小饰品与被喂食联系起来。无论如何，从乌鸦那里得到礼物的最好方法是定期喂食。毕竟乌鸦送礼物是很罕见的！

谢谢!
谢谢!

我应该给乌鸦喂些什么？

乌鸦吃被丢弃的垃圾食品，因为这些食物很容易得到！对我们来说健康的美食并不一定是乌鸦喜欢的，所以不要把人类常吃的食物喂给乌鸦，可以选择无盐花生（带壳或不带壳），还有水果、鸡蛋、碎肉。

如果你给乌鸦戏水的鸟浴被它们用来浸泡食物，请不要感到惊讶，因为乌鸦有时会用水润湿它们的食物，特别是需要带回家喂养乌鸦宝宝时。